全国高等职业教育规划教材

维修电工项目教程

主编　李胜男
参编　张　娜　徐　敏　梁国栋
　　　徐冠英　曹　卓
主审　高月宁

机械工业出版社

本书紧紧围绕维修电工国家职业技能标准的要求，以典型的项目为载体，以具体工作任务为支撑，体现了职业导向和能力本位的教育思想。书中的内容结构根据中级维修电工的不同理论体系及其技能训练的侧重点，分为电工、电力拖动、机床电气、PLC控制系统、电子线路五个部分，对应的项目实训分别为室内照明线路的安装与检修、继电器－接触器控制电路的安装与检修、典型机床控制电路的故障分析与检修、PLC控制系统的设计与安装、基本电子线路的设计与安装。本书教学目标明确，内容充实丰富，图文并茂，采用过程评价，评价标准明确细化，训练过程的设置符合学生的学习习惯和心理特征，完成项目即习得知识、形成技能，实现了"做中学、做中教"。

本书适用于职业院校的机电、电子、电气类专业相关课程的教学，也可用于社会的认证考试培训，同样也可作为自学教材和参考教材使用。

本书融合了理论的基本知识，渗透了必要的职业道德和法律法规知识，配有电子题库和教学课件，需要的教师可登录机械工业出版社教材服务网 www.cmpedu.com 免费注册后下载，或联系编辑索取（QQ: 1239258369，电话：010－88379739）。

图书在版编目(CIP)数据

维修电工项目教程/ 李胜男主编 . —北京:机械工业出版社,2015.12
全国高等职业教育规划教材
ISBN 978－7－111－52290－4

Ⅰ.① 维…　Ⅱ.①李…　Ⅲ.① 电工－维修－高等职业教育－教材
Ⅳ.① TM07

中国版本图书馆 CIP 数据核字(2015)第 294823 号

机械工业出版社(北京市百万庄大街22 号　邮政编码　100037)
责任编辑:曹帅鹏　　责任校对:张艳霞
责任印制:乔　宇

北京铭成印刷有限公司印刷

2016 年 1 月第 1 版·第 1 次印刷
184mm×260mm·13.75 印张·335 千字
0001－3000 册
标准书号: ISBN 978－7－111－52290－4
定价: 33.00 元

全国高等职业教育规划教材机电专业
编委会成员名单

出 版 说 明

《国务院关于加快发展现代职业教育的决定》指出：到2020年，形成适应发展需求、产教深度融合、中职高职衔接、职业教育与普通教育相互沟通，体现终身教育理念，具有中国特色、世界水平的现代职业教育体系，推进人才培养模式创新，坚持校企合作、工学结合，强化教学、学习、实训相融合的教育教学活动，推行项目教学、案例教学、工作过程导向教学等教学模式，引导社会力量参与教学过程，共同开发课程和教材等教育资源。机械工业出版社组织全国60余所职业院校（其中大部分是示范性院校和骨干院校）的骨干教师共同策划、编写并出版的"全国高等职业教育规划教材"系列丛书，已历经十余年的积淀和发展，今后将更加紧密地结合国家职业教育文件精神，致力于建设符合现代职业教育教学需求的教材体系，打造充分适应现代职业教育教学模式的、体现工学结合特点的新型精品化教材。

"全国高等职业教育规划教材"涵盖计算机、电子和机电三个专业，目前在销教材300余种，其中"十五""十一五""十二五"累计获奖教材60余种，更有4种获得国家级精品教材。该系列教材依托于高职高专计算机、电子、机电三个专业编委会，充分体现职业院校教学改革和课程改革的需要，其内容和质量颇受授课教师的认可。

在系列教材策划和编写的过程中，主编院校通过编委会平台充分调研相关院校的专业课程体系，认真讨论课程教学大纲，积极听取相关专家意见，并融合教学中的实践经验，吸收职业教育改革成果，寻求企业合作，针对不同的课程性质采取差异化的编写策略。其中，核心基础课程的教材在保持扎实的理论基础的同时，增加实训和习题以及相关的多媒体配套资源；实践性较强的课程则强调理论与实训紧密结合，采用理实一体的编写模式；涉及实用技术的课程则在教材中引入了最新的知识、技术、工艺和方法，同时重视企业参与，吸纳来自企业的真实案例。此外，根据实际教学的需要对部分课程进行了整合和优化。

归纳起来，本系列教材具有以下特点：

1）围绕培养学生的职业技能这条主线来设计教材的结构、内容和形式。

2）合理安排基础知识和实践知识的比例。基础知识以"必需、够用"为度，强调专业技术应用能力的训练，适当增加实训环节。

3）符合高职学生的学习特点和认知规律。对基本理论和方法的论述容易理解、清晰简洁，多用图表来表达信息；增加相关技术在生产中的应用实例，引导学生主动学习。

4）教材内容紧随技术和经济的发展而更新，及时将新知识、新技术、新工艺和新案例等引入教材。同时注重吸收最新的教学理念，并积极支持新专业的教材建设。

5）注重立体化教材建设。通过主教材、电子教案、配套素材光盘、实训指导和习题及解答等教学资源的有机结合，提高教学服务水平，为高素质技能型人才的培养创造良好的条件。

由于我国高等职业教育改革和发展的速度很快，加之我们的水平和经验有限，因此在教材的编写和出版过程中难免出现问题和疏漏。我们恳请使用这套教材的师生及时向我们反馈质量信息，以利于我们今后不断提高教材的出版质量，为广大师生提供更多、更适用的教材。

机械工业出版社

前　　言

维修电工主要是从事机械设备和电气系统线路及器件的安装、调试与维护、修理的人员。国家职业技能标准要求中级维修电工要掌握电器安装和线路敷设维修电工常识和基本技能、继电控制电路装调与维修、自动控制电路装调与维修、基本电子电路装调与维修等相关技能。

本书以《维修电工国家职业技能标准（2009）》中级的考核要求为依据，确定教材的基本内容，主体部分采用项目模式编写，以提高学生的职业技能和岗位适应能力为目标，设计项目和任务。书中以室内照明线路的安装与检修、继电器－接触器控制电路的安装与检修、典型机床控制电路的故障分析与检修、PLC 控制系统的设计与安装、基本电子线路的设计与安装五个项目为载体，涵盖了中级电工理论部分的主要知识点，并以多个任务的形式提供不同技能点的训练过程和方法，学生通过不同的任务完成相应的技能训练，最终达成相应项目的学习目标。在项目实训的同时采取过程化考核，体现了以能力为本位的现代职业教育理念。

本书将通识知识以附录的形式展现，学生在完成任务的过程中可以随时翻看查找相关知识，因此本书既实现了项目式教材的要求，同时又具有一本工具书的特点，有助于提升学生的自学能力。本书同时配有电子题库和电子课件，根据考核内容设计、编排试题库，学生可以有针对性地练习测试，是学生进行电工职业技能鉴定前培训的必备资料。

本教材由大连电子学校李胜男老师主编，大连电子学校高月宁主任主审。李胜男老师编写了项目 1 室内照明线路的安装与检修，设计编写了配套教学课件和电子题库，并对全书进行了统稿；徐敏老师编写了项目 2 继电器－接触器控制电路的安装与检修；梁国栋老师编写了项目 3 典型机床控制电路的故障分析与检修；徐冠英老师编写了项目 4 PLC 控制系统的设计与安装；张娜老师编写了项目 5 基本电子线路的设计与安装；附录部分由曹卓老师和张娜老师共同编写。

由于编者水平有限，书中难免疏漏之处，希望使用本教材的广大读者对教材中的问题提出宝贵意见和建议，以便进一步完善本教材。以下是学时分配建议，供参考。

学时分配建议

序　号	项 目 内 容	学时分配
1	室内照明线路的安装与检修	12
2	继电器－接触器控制电路的安装与检修	14
3	典型机床控制电路的故障分析与检修	10
4	PLC 控制系统的设计与安装	14
5	基本电子线路的设计与安装	16
合计		68

编　者

目 录

项目1　室内照明线路的安装与检修

[项目介绍]

电气照明广泛应用于生产和生活领域中，不同场合对照明装置和线路安装的要求不同。电气照明及配电线路的安装与维修，一般包括照明灯具安装、配电板安装和配电线路敷设与检修几项内容，是电工技术的基本技能。本项目主要是根据给定图纸完成照明配电线路的安装。项目分为几个任务开展，分别掌握工具的使用、导线的连接、常用照明灯具开关及插座的安装、室内配电线路布线及线路检修等项技能。

[能力目标]

1. 能识读照明线路图纸，说出线路的敷设方式、路径，并会根据图纸要求选择导线线径；
2. 能处理单芯和多芯导线的各种连接并进行绝缘层的恢复；
3. 能够正确进行线槽的连接与拼接；
4. 能够按照规范安装固定灯具、插座等；
5. 能够使用仪表进行线路检测，并能根据故障现象进行故障排除，恢复线路功能。

[达成目标]

根据图纸安装室内低压照明线路，并进行检测、调试与故障排除。

任务1.1　加工与制作导线

[任务引入]

不论是照明线路还是动力线路的安装都需要使用各种导线进行线路的连接，使用常用电工工具进行导线的连接与处理是最基本的电工常识和技能。本次任务主要是选择合适的电工工具并确定导线型号规格，对导线进行加工处理及绝缘层的恢复。

[知识链接]

知识链接1　认识常用工具

电工常用工具主要有螺钉旋具、钳子（电工钳、尖嘴钳、剪线钳、剥线钳）、压线钳、扳手、电工刀、手锤、电烙铁、试电笔、锉刀、刮刀、绞刀、砂纸或砂布、毛刷、钢锯、台虎钳、台钻等，以及其他电动及维修专用工具，如表1-1所示。

表1-1 维修电工常用工具

序号	名称	图片	功能	注意事项
1	螺钉旋具		用于紧固或拆卸螺钉,分为一字和十字螺钉旋具,绝缘手柄也分为木柄和塑料柄	①手柄不能损坏;②使用时手不能触及金属杆;③使用的正确姿势;④按规格选用
2	钢丝钳		钳口用于弯绞和夹持导线头,齿口用于旋动螺栓螺母,刀口用于剪断导线、起拔钉子或剥导线绝缘皮等	①绝缘手柄有无破损;②钢丝钳不能同时剪切相线和中性线,以免短路
3	尖嘴钳		普通型和长嘴型两种,用于狭窄空间的操作	
4	斜口钳		用于剪断直径较细的导线和电子元器件的引线	
5	剥线钳		剥削较细导线绝缘层,刀口可用于切断导线	①使用时应根据导线的线径选择合适的齿口;②剥线时保护好线芯
6	压线钳		连接导线或导线与端子的常用工具,分为叉式端子和针式端子两种压线钳	①手柄不能损坏;②使用时手不能触及金属杆;③使用的正确姿势;④按规格选用
7	电工刀		剥削电线线头、切割木榫等。剖削导线的绝缘层时,应先以约45°的角度切入,避免损伤线芯	①手柄非绝缘,严禁接触带电体;②使用时,应将刃口向外进行剖削;③使用完毕应将刀身折入刀柄
8	活扳手		用于起松或旋紧六角或四角螺栓、螺母,有不同规格,使用时应根据螺母的大小进行选配	①扳大螺母时,手握手柄尾;扳小螺母时,手握手柄头;②调节蜗轮可收紧或打开扳口
9	万用表		主要用以测量电压、电流和电阻,也可以测量晶体管放大倍数。万用表由表头、测量电路及转换开关三个主要部分组成,分为指针万用表和数字万用表	①测量时水平放置,以免造成误差,不能用手接触表笔的金属部分;②测量中如需换档,先断开表笔,换档(电阻档调零)后再测量;③使用完毕,将转换开关置于交流电压最大档
10	验电笔		检测物体是否带电,检测电压范围60~500 V之间,由发光氖管、降压电阻、弹簧、笔身、笔尖等组成。使用时应使用正确握笔姿势,如图1-1所示	①使用前,应检查电笔的氖管是否正常发光;②使用试电笔一般应穿绝缘鞋;③使用试电笔时,应避开直射强光;④对36 V下的安全电压,试电笔无法检测

2

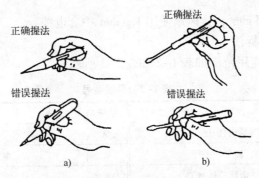

图 1-1　电笔的握笔示意图

a）笔试握法　b）螺丝刀式握法

知识链接2　选用导线

1. 导线分类

用作电线电缆的导电材料，通常有铜和铝两种，铜材的导电率高，50℃时的电阻系数，铜为 $0.0206\ \Omega\cdot mm^2/m$，铝为 $0.035\ \Omega\cdot mm^2/m$；载流量相同时，铝线芯截面约为铜的1.5倍。采用铜线芯损耗比较低，铜材的机械性能优于铝材，延展性好，便于加工和安装，铜线的抗疲劳强度约为铝材的1.7倍。铝材密度小，在电阻值相同时，铝线芯的质量仅为铜的一半，铝线缆比较轻。固定敷设用的布电线一般采用铜芯线。

（1）按材质分：聚氯乙烯绝缘导线、橡皮绝缘电缆、低烟低卤、低烟无卤、硅橡胶导线、四氟乙烯导线等；

（2）按防火要求分：普通和阻燃类型；

（3）按线径分：有 1.5、2.5、4、6、10、16、25、35、50、70、95、120、150、185、240、300 等（导线的截面积，单位为 mm^2）；

（4）按线芯分：单芯和多芯；

（5）按颜色分：黄色、绿色、红色、蓝色、黑色和黄绿双色等；

（6）按额定电压分：300/500 V，450/750 V，600/1000 V，1000 V 以上。

2. 导线选择

（1）选用原则：有自动空气开关时按自动空气开关选用，自动空气开关整定值可调整时按最大值选用，整定值为固定时按固定值选取。如没有自动空气开关，比如只有刀开关、熔断器、低压电流互感器等则以低压电流互感器的一侧额定电流值选取分支母线截面。如果这些都没有，还可按接触器额定电流选取，如接触器也没有，最后才是按熔断器熔芯额定电流值选取。

（2）颜色：一般三相电线分别为黄色、绿色和红色，单相供电相线为红色，零线为蓝色，地线多采用双色线。没有明确规定的，导线颜色选用黑色。

（3）额定电压：没有明确规定的，380 V 系统中选用 450/750 V 导线。

（4）导线耐温度：没有明确规定的，普通环境选用70℃。

（5）一次回路：一般回路最小 2.5 mm^2；低压开关柜8PT抽屉内部最小选用 2.5 mm^2 导线，抽屉外部接线盒最小选用 4 mm^2 导线。二次回路：一般控制回路 1.5 mm^2，电流回路

$2.5\,\text{mm}^2$，PLC 模块 $0.75\,\text{mm}^2$，排风扇使用 $1.5\,\text{mm}^2$ 护套电缆。

3. 导线型号与线路标注

导线型号及名称和应用范围如表 1-2 和表 1-3 所示。

表 1-2　导线型号

字符	含　义	字符	含　义
A	安装、铝塑料护层	S	钢塑料护套
B	布电线类、扁平、平行	V	聚氯乙烯塑料绝缘
F	聚四氟乙烯、泡沫乙烯（YF）	X	橡皮绝缘
K	控制	Y	聚乙烯绝缘
L	铝芯（铜芯不表示）	ZR	阻燃
R	软线	NH	耐火

表 1-3　导线名称及应用范围

型号	名　称	应用范围	型号	名　称	应用范围
BV	铜芯聚氯乙烯绝缘线	明敷或穿管敷设	BVR	铜芯聚氯乙烯塑料绝缘软线	软线用于要求柔软电线的场合，可明敷或穿管敷设
BLV	铝芯聚氯乙烯绝缘线		BVS	铜芯聚氯乙烯塑料绝缘双绞软线	
BX	铜芯橡胶绝缘线		RVB	铜芯聚氯乙烯塑料绝缘平行软线	
BLX	铝芯橡胶绝缘线		BBX	铜芯橡胶绝缘玻璃丝编制线	
BVV	铜芯聚氯乙烯塑料护套线		BBLX	铝芯橡胶绝缘玻璃丝编制线	
BLVV	铝芯聚氯乙烯塑料护套线				

图纸中导线的线路标注方式如表 1-4 所示。

表 1-4　导线标注含义

线路标注的格式为：a-b-c×d-e-f		
a：线路编号或用途	b：导线型号	c：导线根数
d：导线截面积（mm^2）	e：导线敷设方式或穿管方式	f：导线敷设部位

根据要求选择所需导线的规格和颜色，在表 1-5 中说明标注含义。

表 1-5　照明回路线径选择列表

回路名称	导线规格	标注含义
WL1 空调插座回路	BV-3×2.5	
WL2 照明回路	BV-2×1.5	
WL3 插座回路	BV-3×1.5	

知识链接 3　导线的连接与处理

1. 导线之间的连接

（1）单股铜芯导线的连接

1）一字型连接：

4

① 相同面积导线：将两导线端去其绝缘层作 X 相交，互相绞合 2～3 匝，两线端分别紧密向芯线上并绕 6 圈，多余线端剪去，钳平切口，如图 1-2 所示。

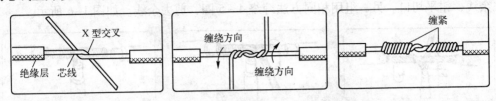

图 1-2　同面积单股铜芯导线一字型连接

② 不同面积导线：先将细导线的芯线在粗导线的芯线上紧密缠绕 5～6 圈，然后将粗导线芯线的线头折回紧压在缠绕层上，再用细导线芯线在其上继续缠绕 3～4 圈后剪去多余线头即可。如图 1-3 所示。

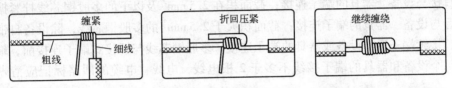

图 1-3　不同面积单股铜芯导线一字型连接

2）T 分支连接：支线端和干线十字相交，使支线芯线根部留出约 3 mm 后在干线缠绕一圈，再环绕成结状，收紧线端向干线并绕 6～8 圈剪去余线，如图 1-4 所示。

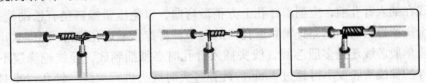

图 1-4　单股铜芯导线 T 分支连接

（2）多股导线的连接：

1）一字型连接：剥去导线的绝缘层和保护层，将线头全长 2/3 分散成一根、两根、三根三组形成伞骨状，两伞骨状树叉，在一端分出相邻的两股芯线扳至垂直，顺时针方向并绕两圈后扳成直角使其与干线贴紧，同样连接一组两根芯线，最后三股芯线绕至根部，如图 1-5 所示。

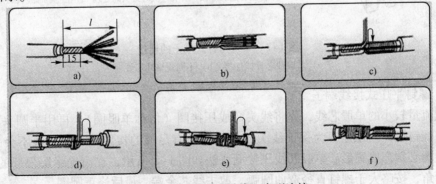

图 1-5　多股铜芯导线一字型连接

5

2）T分支连接：在支线留出的连接线头1/8根部进一步绞紧，余部分散，支线线头分成两组，四根一组的插入干线的中间，将三股芯线的一组往干线一边按顺时针缠3～4圈，剪去余线，钳平切口。另一组用相同方法缠绕4～5圈，剪去余线。如图1-6所示。

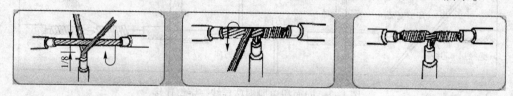

图1-6　单股铜芯导线T分支连接

2. 导线与端子的连接

芯线与电器设备的连接应符合下列规定：截面积在10 mm²及以下的单股铜芯线和单股铝芯线直接与设备、器具的端子连接；截面积在2.5 mm²及以下的多股铜芯线拧紧搪锡或接续端子后与设备、器具的端子连接；截面积大于2.5 mm²的多股铜芯线，除设备自带插接式端子外，接续端子后与设备或器具的端子连接；多股铜芯线与插接式端子连接前，端部拧紧搪锡；每个设备和器具的端子接线不多于2根电线，电线、电缆的回路标记应清晰，编号准确。

（1）针孔式接线端子

单股芯线与接线桩连接时，最好按要求的长度将线头折成双股并排插入针孔，使压接螺钉顶紧在双股芯线的中间。如果线头较粗，双股芯线插不进针孔，也可将单股芯线直接插入，但芯线在插入针孔前，应朝着针孔上方稍微弯曲，以免压紧螺钉稍有松动线头就脱出，凡是有两个压紧螺钉的，应先拧紧靠近孔口的一个，再拧紧靠近孔底的一个，如图1-7a所示。无论是单股芯线还是多股芯线，线头插入针孔时必须插到底，导线绝缘层不得插入孔内，针孔外的裸线头长度不得超过2 mm。针孔过大时线头进行缠绕，针孔过小时线头可削去一小部分。如图1-7b所示。

线芯折成双股进行连接　单股线芯插入连接

针孔合适的连接　针孔过大时线头的处理　针孔过小时线头的处理

a)　　　　　　　　　　　　　　　b)

图1-7　导线与针式端子的连接
a）单股线芯针式连接　b）不同规格线芯处理

（2）螺钉平压式接线端子

对载流量较小的单股芯线，先将线头弯成压接圈（俗称羊眼圈），再用半圆头、圆柱头或六角头螺钉加垫圈压紧。为保证线头与接线端子有足够的接触面积，日久不会松动或脱落，压接圈必须弯成圆形。单股芯线压接圈弯法如图1-8所示，在离绝缘层根部的3 mm处向外侧折角，按略大于螺钉直径弯曲圆弧，剪去线芯余端，最后修正圆圈。

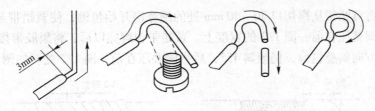

图 1-8　单股导线与螺钉平压式端子的连接

软导线线芯也可用螺钉平压式接线端子（接线桩）连接，应按图 1-9 所示方法弯制压接圈。首先把离绝缘层根部约 1/2 长的芯线重新绞紧，越紧越好。

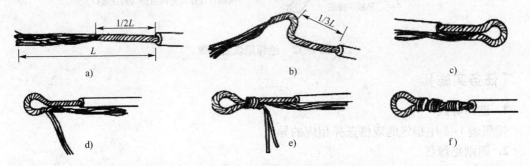

图 1-9　多股导线与螺钉平压式端子的连接

（3）瓦形接线桩

瓦形接线桩的垫圈为瓦形，为了保证线头不从瓦形接线桩内溢出，压接前应先将已去除氧化层和污物的线头弯成 U 形，如图 1-10a 所示，然后将其卡入瓦形接线桩内进行压接；如果需要把两个线头接入一个瓦形接线桩内，则应使两个弯成 U 形的线头重合，然后将其卡入瓦形垫圈下方进行压接，如图 1-10b 所示。

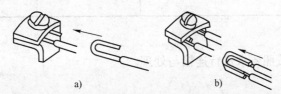

图 1-10　线芯与瓦形接线端子的连接

3. 绝缘层的剥削与恢复

剥削导线的绝缘层用到的工具主要有：电工刀、剥线钳、钢丝钳。

导线连接前所破坏的绝缘层，在线芯连接完成后，必须恢复其绝缘强度。常用的材料有：黄蜡带、涤纶薄膜带、黑胶带，如图 1-11 所示。

图 1-11　常用绝缘材料

包缠时，将黄蜡带从离切口 30~40 mm 处的绝缘层开始包缠，使黄蜡带与导线保持45°倾斜角，后一圈叠压在前一圈 1/2 的宽度上。黄蜡带包缠完以后，将黑胶带接在黄蜡带的尾端，朝相反的方向斜叠包缠，仍倾斜45°，后一圈叠压在前一圈 1/2 处。如图 1-12 所示。

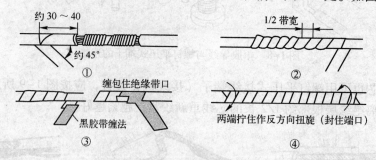

图 1-12　绝缘层恢复步骤

[**任务实施**]

1. 选择导线

按照表 1-6 中指定的规格选择相应的导线。

2. 剥削绝缘层

选择合适的工具，根据要求剥削绝缘层，并根据实际情况填写表 1-6。

表 1-6　剥削导线记录表

导线类型	标注含义	剥削长度	选用工具
BV1.5		2 cm	
BVR0.5		1 cm	
BVV3×2.5			
ZR - BV70℃0.75			

3. 连接导线

给定几段导线，按照要求进行连接与处理。

（1）单股导线

1）直线连接及恢复绝缘层；

2）T 分支连接及恢复绝缘层；

3）弯制羊眼圈，套接端子。

（2）多股导线

1）直线连接及恢复绝缘层；

2）T 分支连接及恢复绝缘层；

3）不等径导线连接；

4）压接端子。

根据导线型号和规格，选择合适的端子与工具进行压制。

[**任务评价**]

任务完成后，以小组为单位进行组内自我检测，并将检测结果填入表 1-7 中，对照评价表进行评价。

表1-7 任务评价表

任务名称_____评价日期_____年____月____日

第____组 第一负责人_____ 参与人_____

评价内容	评分标准	扣分情况	配分 100分	得分
导线选择	选错，一个扣2分，扣完为止		10	
绝缘层的剥削	损伤线芯一处扣5分，剥削不美观，扣2分		10	
导线的连接	导线连接处机械强度不够，扣5分；导线有毛刺，扣2分；导线连接处过长，扣3分；酌情增减		40	
导线与端子的连接	羊眼圈弯制不标准，一个扣3分，压紧方向不正确，扣3分；端子压接不牢固，一个扣3分		15	
绝缘层的恢复	绝缘胶布缠绕位置不对，扣3分；导线连接不合格，一处扣2分；导线余量过短或过长，一处扣3分		10	
文明操作	工具使用不当，一次扣3分；违规操作，视情节严重程度，扣5~10分；		15	

任务1.2 固定照明器件及敷设线路

[任务引入]

根据项目进度，本次任务要完成灯具、开关、插座等照明器件的固定安装，并按照工艺要求敷设线路，安装线槽和线管等，并按照图纸要求进行导线的敷设，具体的任务流程，如图1-13所示。

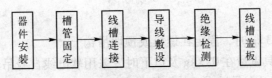

图1-13 线槽（管）安装工艺流程

[知识链接]

知识链接1 灯具、开关、插座及照明配电箱安装规范

（1）灯具的安装应符合下列规定

1）根据图纸标注正确选择灯具类型及安装方式，灯具的标注形式如图1-14所示。灯具类型和安装方式如表1-8和表1-9所示。

$$a-b\frac{c\times d}{e}f$$

图 1-14　灯具标注形式

a：同类灯型的个数　　b：灯具类型代号　　c：灯具内安装灯的数量

d：每个灯的功率（W）　　e：灯的安装高度（m）　　f：安装方式代号

表 1-8　灯具类型及文字符号

灯具安装方式	文字符号	灯具安装方式	文字符号
自在器线吊式	CP	吸顶式	S
固定线吊式	CP1	嵌顶式	R
防水线吊式	CP2	墙壁内安装式	WR
吊线器式	CP3	台上安装式	T
链吊式	Ch	支架安装式	SP
管吊式	P	柱上安装式	CL
壁装式	W	座装式	HM

表 1-9　灯具安装方式及文字符号

灯具类型	文字符号	灯具类型	文字符号
壁灯	B	卤钨探照灯	L
吸顶灯	D	普通吊灯	P
防水防尘灯	F	搪瓷伞罩灯	S
工厂一般灯具	G	投光灯	T
防爆灯	G 或专用符号	无磨砂玻璃罩万能型灯	W
花灯	H	荧光灯灯具	Y
水晶底罩等	J	柱灯	Z

如：$4-P\dfrac{5\times25}{1.8}Ch$ 表示 4 个链吊式（Ch）吊灯（P），每个吊灯内装 5 个功率 25 W 的灯泡。

2）灯具重量大于 3 kg 时，固定在螺栓或预埋吊钩上。

3）软线吊灯，灯具重量在 0.5 kg 及以下时，采用软电线自身吊装；大于 0.5 kg 的灯具采用吊链，且软电线编叉在吊链内，使电线不受力。

4）灯具固定牢固可靠，每个灯具固定用螺钉或螺栓不少于 2 个。

5）当设计无要求时，为一般敞开式灯具，灯头对地面距离不小于下列数值（采用安全电压时除外）：室外：2.5 m（室外墙上安装）；厂房：2.5 m；室内：2 m。

6）当灯具距地面高度小于 2.4 m 时，灯具的可接近裸露导体必须接地（PE）或接零（PEN）可靠，并应有专用接地螺栓，且有标识。

7）装有白炽灯泡的吸顶灯具，灯泡不应紧贴灯罩。

（2）开关的安装应符合下列规定

1）开关安装位置应便于操作，开关边缘距门框边缘的距离 0.15～0.2 m，开关距地面高度 1.3 m；拉线开关距地面高度 2～3 m，层高小于 3 m 时，拉线开关距顶板不小于 100 mm，拉线出口垂直向下。

2）相同型号并列安装及同一室内开关安装高度一致，高差不大于2mm，且控制有序不错位。并列安装的拉线开关的相邻间距不小于20mm。

3）同一室内的开关应采用同一系列的产品，开关的通断位置一致，操作灵活、接触可靠。

4）暗装的开关面板应紧贴墙面，四周无缝隙，安装牢固，表面光滑整洁、无碎裂、划伤，装饰帽齐全。

5）明装的插座应用专用底盒。先用螺钉（加橡胶胀管）固定底盒，然后把导线接入接线柱，拧紧螺钉，最后盖好面板，面板应端正严密。

（3）插座的安装应符合下列规定

1）一般插座的安装高度距地面为0.3m，车间及实验室的插座安装高度距地面不小于0.3m；特殊场所安装的插座不小于0.15m；同一室内插座安装高度一致。

2）潮湿场所采用密封型并带保护地线触头的保护型插座，安装高度不低于1.5m。

3）安装的插座面板紧贴墙面，四周无缝隙，安装牢固，表面光滑整洁、无碎裂、划伤，装饰帽齐全。

4）地插座面板与地面齐平或紧贴地面，盖板固定牢固，密封良好。

（4）照明配电箱的安装应符合下列规定

1）安装高度为箱底距地1.3m。

2）配电箱的型号规格应参照各配电系统图。

知识链接2　线槽及线管安装规范

1. 安装塑料线槽

照明线路中使用的线槽（管）一般采用PVC材料制成，分为A型材和B型材，A型材较B型材要厚一些。塑料线槽按规格（宽×高）分为很多种，每种规格的线槽电线容量不同，本项目中用到的有20mm×15mm、40mm×20mm、60mm×40mm。

（1）定位

按照图纸标注进行定位，采用米尺、铅笔等工具确定好安装位置，画好的线安装完毕要进行擦除和清洁，位置偏差不得超过2mm。

（2）线槽连接

1）按图纸和规范进行线槽拼接，使用刀锯对线槽进行加工，并用锉刀或砂纸打磨，去除毛边。

2）槽底和槽盖直线段对接：底板和盖板均应分别成45°角的斜口进行连接，拼接要紧密，底板的线槽要对齐、对正，底板与盖板的接口要错开200mm。

3）线槽任意角的拼接：根据给定的角度进行加工，如要求线槽夹角为90°，两段线槽各按45°加工，并且要保证所夹内角为45°，注意锯线槽时下刀方向要正确。如图1-15a所示。

4）线槽分支接头：线槽附件如直通、三通转角、接头、插口、盒、箱应采用相同材质的定型产品，在线路分支接头处应采用相应接线盒或开槽，小槽板要入盒（大线槽）至少5mm。如图1-15b所示。

5）线槽各种附件安装要求：盒子均应两点固定，各种附件角、转角、三通等固定点不应少于两点。接线盒，灯头盒应采用相应插口连接。线槽的终端应采用终端头封堵。如图 1-15c 所示。

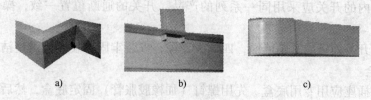

a)   b)   c)

图 1-15　线槽连接图

（3）线槽固定

线槽采用自攻螺钉或膨胀螺栓进行固定。槽底和固定点间距应不小于 500 mm，盖板应不小于 300 mm，底板离终点 50 mm 及盖板离终端点 30 mm 处均应固定。按规定 20~40 线槽、60 线槽底板在墙体（机架）上螺钉的固定方式和尺寸如表 1-10 所示。

表 1-10　线槽工艺流程

	线槽宽度（mm）		
	20~40	60	
固定点形式	$L = 0.5\,m$	$L = 1.0\,m$	$L_1 = 0.5\,m$、$L_2 = 1.0\,m$

2. 安装塑料线管

硬质聚氯乙烯（PVC）塑料管也分为 A 型材和 B 型材。常用管材规格按线管的公称直径分类如表 1-11 所示。

表 1-11　常用管材规格及相关数据（单位：mm）

公 称 直 径	外径及允许误差	轻型管壁厚	重型管壁厚
15（16）	20±0.7	2.0±0.3	2.5±0.4
20	25±1.0	2.0±0.3	3.0±0.4
25	32±1.0	3.0±0.45	4.0±0.6
32	40±1.2	3.5±0.5	5.0±0.7
40	51±1.7	4.0±0.6	6.0±0.9
50	65±2.0	4.5±0.7	7.0±1.0

（1）定位

按照图纸标注进行定位，采用米尺、铅笔等工具确定好安装位置，画好的线安装完毕要进行擦除和清洁，要求位置偏差不大于 5mm。

（2）线管弯制与连接

1）线管弯制

线管弯曲处需保证圆滑，不能有折皱、凹穴或裂缝、裂纹，管的弯曲处弯扁的长度不大于管子外径的 10%，线管进入盒（箱）时必须做鸭脖子弯处理，同一位置，多个线管入同一箱体时，鸭脖子弯形状、位置应一致，要求线管的弯曲半径应为线管外径的 4～5 倍，直角转弯的偏差角度不大于 5°。

2）线管连接

PVC 线管入盒（箱、槽）时必须用连接件进行连接。线管入盒时，管的中心必须对准盒的中心，入槽时，管需深入槽内。管的中心常用的连接件有管接头、杯梳、弯头等，其安装方式、用途及规格如表 1-12 所示。

表 1-12　常用管接头规格及用途　　　　　　　　　　（单位：mm）

名　　称	图　形	安装方式与用途	常用规格
管接头（直通）		明装或暗装，用于管与管之间的直线连接	φ16；φ20；φ25；φ32
盒接头（杯梳）		明装或暗装，用于管与底盒之间的连接	φ16；φ20；φ25；φ32
管卡（管码）		明装，用于管材在墙壁上的固定	φ16；φ20；φ25；φ32
直角接头	无盖弯头	明装，用于管路转弯的配件	φ16；φ20；φ25；φ32
	有盖弯头	明装，用于管路转弯的配件	φ20；φ25；φ32
T 型接头（无盖三通）		明装，用于管路连接及转弯的配件	φ20；φ25；φ32

（3）线管固定

线管在直线两端、转弯处两端、入盒（箱、槽）前要装管卡固定，线管应完全压入管卡内。转弯处两端管卡应对称，管卡对转弯点距离应大于 50 mm，线管直接进盒（箱、槽），进盒（箱、槽）前的固定管卡中心孔与盒（箱、槽）边的距离大于 80 mm。鸭脖子弯进盒（箱）前要用管卡固定，固定距离应距盒（箱）边 180～300 mm 的位置应固定管卡，线管的两端以及折弯两端应固定管卡。见表 1-13。

表 1-13　保护管弯曲半径、明配管安装允许偏差　　　　（单位：mm）

项　　目	标　准			
管子最小弯曲半径	暗配管：$R \geqslant 6D$ 明配管：管子只有一个弯　$R \geqslant 4D$ 管子有两个弯以上　$R \geqslant 6D$			
弯曲半径或允许偏差	管子弯曲处的弯曲度 $\leqslant 0.1D$			
检查方法	尺量检查及检查安装记录			
明配管管子直径	15～20	25～30	40～50	65～100
定点间距	300	400	500	600
检查方法	尺量检查及检查安装记录			

知识链接3 图纸识读与导线敷设

1. 识读图纸

（1）照明配电图

图1-16是项目的照明配电图，图中标明了照明线路的供配电方式、回路名称、开关型号、导线类型、敷设方式等。由图纸可知三相电经单相电度表进入照明配电箱，照明线路由 L_1 单相供电，L_1 和 N 经过极数为2P、型号为 DZ47LE–32/C30 的漏保后，分为空调插座（WL_1）、照明（WL_2）、插座（WL_3）3个回路，另外留一个回路备用。

DZ47LE–32/C30 的型号含义：DZ 表示空气开关，47 表示设计序号，32 表示外壳绝缘等级，30 表示额定电流，C 表示用于照明线路（D 表示用于动力线路）。

BV–3×2.5 PC 表示 3 根 2.5 mm² 的塑料绝缘铜芯导线沿线管敷设，PR 表示沿线槽敷设，PC 表示沿塑料线管敷设。

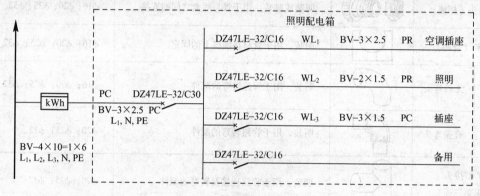

图1-16 照明配电图

（2）照明平面图

照明平面图是敷设照明线路的依据，需标注出灯具型号、安装高度、开关控制方式等。常见照明平面图符号如表1-14所示。

表1-14 照明平面图常见符号

灯 具	符号	插 座	符号	开 关	符号
一般灯具	⊗	单相插座		单极开关	
壁灯	◗	暗装的单相插座		暗装的单极开关	
天棚灯	◖	接地的单相插座		双控开关	
球形灯	●	防水型接地单相插座		双极开关	
防水防尘灯	⊗	接地的三相插座		三极开关	
防爆灯	⦿	安装的三相插座		安装的三极开关	
荧光灯	⊢─┤	防爆型三相插座		防水的三极开关	

2. 导线敷设

（1）按照新的规范要求，照明支路和插座支路应分开布线。

14

（2）无论是几联开关，只送入开关一根相线。从开关出来的电线称为控制线，n联开关就有n条控制线，所以n联开关共有n+1根导线。灯具两端有一根相线、一根零线。

（3）插座分为单相插座和三相插座，单相插座分为二孔、三孔、二孔和三孔组合插座。插座支路导线根数由n联中极数最多的插座决定，如二孔和三孔组合双联插座是三根线。三相插座一般为四孔，输出AC 380 V三相交流电。

（4）照明线路中一根相线L（红色）、一根工作零线N（蓝色）、一根专用保护线PE（黄绿双色）。

现在交流三相低压供电系统多数都采用TN-S方式供电，如图1-17所示，TN-S系统在总电网中N线和PE线是分开的，但是在电源发生器内是连接的，并且接地。故障电流通过PE线来传导。由于正常运动时PE线不通过负荷电流，故与PE线相连的电气设备金属外壳在电气正常运行时不带电，所以TN-S系统适用于数据处理和精密电子仪器设备的供电，也可用于爆炸等危险环境中。在民用建筑内部、家用电器等都有单独接地的插头，采用TN-S供电既方便又安全。

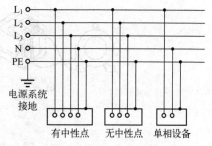

图1-17　TN-S系统配线图

（5）根据设计图要求选择导线，导线的规格、型号必须符合设计要求，不同电压等级的电路不可放置在同一线槽（管）内，线槽（管）内导线截面和根数不得超出线路允许规定，导线放置有序，不可缠绕，敷设导线时，槽（管）内导线不应受到挤压。在槽（管）内不允许有接头，剪断导线时，导线的预留长度按不同情况考虑接线盒、开关盒、灯头盒内导线的预留长度为15 cm。配电箱内导线的预留长度应为配电箱体周长的1/2；出户线的预留长度为1.5 m。

（6）明配线路要求横平竖直、整齐美观、固定牢固、归边成束，导线垂直进入端子。

3. 线槽盖板

槽板紧贴建筑物表面，布置合理，固定可靠，横平竖直。直线段的盖板接口与底槽接口应错开，其间距不小于100 mm。盖板无扭曲和翘角变形现象，接口严密整齐，槽板表面色泽均匀无污染。

4. 绝缘检测

导线敷设完毕之后使用绝缘电阻表进行绝缘检测，如图1-18所示。兆欧表的电压等级，按现行国家标准GB50150—2006《电气装置安装工程电气设备交接试验标准》规定执行，即：100 V以下的电气设备或线路，采用250 V绝缘电阻表；100～500 V的电气设备或线路，采用500 V绝缘电阻表；500～3000 V的电气设备或线路，采用1000 V绝缘电阻表；3000～10000 V的电气设备或线路，采用2500 V绝缘电阻表。

测量绝缘电阻时，首先进行校表：两连接线开路，摇动手柄，指针应指在"∞"处；再把两连接线短接一下，指针应指在"0"处，符合上述条件者即可使用。被测设备与线路断开，对于大电容设备还要进行放电。照明线路选用500V电压等级的绝缘电阻表即可，测量绝缘电阻时，一般只用"L"和"E"端，但在测量电缆

图1-18　绝缘电阻表

对地的绝缘电阻或被测设备的绝缘电阻时，用到"L"、"E"和"G"端，要求绝缘电阻不小于 0.5 MΩ，如图 1-19 所示。同时做好记录，作为技术资料存检。

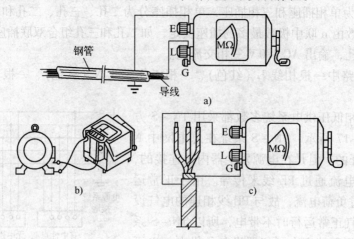

图 1-19　绝缘电阻表检测示意图

[任务实施]

1. 设计及分析图纸

（1）按照规范设计灯具、开关和插座的安装位置，并在图 1-20 的位置安装图中进行标注，线槽线管的尺寸可根据实际情况进行设计。

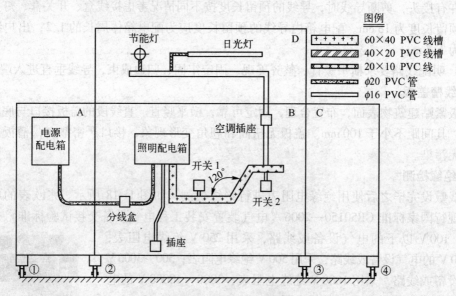

图 1-20　照明位置安装图

说明：安装支架可采用网孔板或木板，A、B、C、D 为安装支架的展开平面图，实际位置与标注尺寸允许 ±5 mm 误差。

（2）照明配电图如图 1-16 所示，照明平面图如图 1-21a、b 所示，试根据所学知识分析各符号在图中的含义。

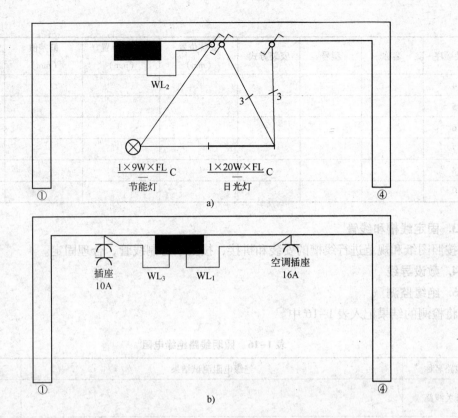

图 1-21　照明平面图

a）此图为俯视图，图中①、④位置表示墙壁左右两侧

b）此图为俯视图，图中①、④位置表示墙壁左右两侧

2. 安装固定灯具、开关、插座

（1）选用工具和元器件

安装工具有：_____。

固定螺钉有：_____。

（2）固定灯具、开关和插座（误差不得超过 ±5 mm）。

1）依据位置安装图和照明平面图选择器件，并确定型号；

2）确定安装顺序，按照位置进行固定安装。

（3）位置检测

安装完成后，用米尺对元件位置进行检测，并将结果填入安装记录单表 1-15 中，保证每个器件都安装合格。

表 1-15　安装记录单

安装顺序	名称	型号	安装方式	安装位置 （mm）	实际位置 （mm）	偏差值 （mm）	是否合格
1							
2							
3							

安装顺序	名称	型号	安装方式	安装位置（mm）	实际位置（mm）	偏差值（mm）	是否合格
4							
5							
6							
7							
8							
9							

3. 固定线槽和线管

按照图纸和规范进行线槽的安装和拼接，按要求弯制线管，合理固定。

4. 敷设导线

5. 绝缘监测

将检测的结果记入表1–16中。

表1–16　照明线路绝缘电阻

线路名称	绝缘电阻测试结果	是否合格
开关线路		
荧光灯线路		
白炽灯线路		

6. 线槽盖板

完成线槽盖板，清除作图痕迹。

［任务评价］

任务完成后，以小组为单位进行组内自我检测，并将检测结果填入表1–17中，对照评价表进行评价。

表1–17　任务评价表

任务名称_____评价日期_____年____月____日

第____组　第一负责人_____　参与人_____

评价内容	评分标准	扣分情况		配分100分	得分
元器件选择	元器件选错或漏选，一个扣2分，扣完为止			10	
元器件固定	位置超出5~10 mm，一处扣1分，10~15一处扣2分，扣完为止	元件偏差扣分		15	

第_____组　第一负责人_____　参与人_____

评价内容	评分标准	扣分情况					配分 100 分	得分
线槽线管敷设	位置偏差，2～5 mm，扣 0.5 分，5～10 mm，扣 1 分，水平/垂直不到位，一处扣 0.5 分	分类	20 槽	40 槽	60 槽	16 管	20 管	10	
		偏差							
		扣分							
	线槽缝隙，1～2 mm，扣 0.5 分，2～5 mm 扣 1 分，线管转弯半径≥6D，不符合一处扣 1 分	偏差						15	
		扣分							
	入盒（箱）距离：5 mm，未进入一处扣 2 分，进入不到位一处扣 1 分	扣分						10	
	整洁度，无毛刺、作图痕迹，线管无变形、裂缝	扣分						10	
	螺钉、管卡位置，未按要求排列一处扣 0.5 分，管卡一处不合适扣 0.5 分，未放在一处扣 1 分	扣分						10	
	封头、管接头，未按要求连接和放置，一处扣 1 分	扣分						5	
绝缘电阻	一处不符合要求扣 1 分							5	
文明生产	工具使用不当发现一次扣 1 分，违规操作，视情节严重程度，扣 1～5 分							10	

任务 1.3　连接照明线路及调试

［任务引入］

本次任务要根据配电图和照明平面图，完成照明配电箱的配线以及灯具、开关、插座的线路连接，然后进行线路检测并进行通电调试，出现故障的线路要查找出故障原因并进行故障排除，从而完成项目。

［知识链接］

1. 照明配电箱的装配

照明配电箱的装配步骤如下：

（1）引线入箱：采用明配线方法，先将导线理顺，分清支路和相序，按支路绑扎成束。待箱准备就位后，将导线端头引至箱内，逐个剥落导线端头，再逐个压接在器具口，同时，将保护接地线压在明显的地方，并将配电箱体调整平直后进行固定。

（2）选配低压电器：按照图纸要求选择低压电器并进行安装固定，垂直装设的刀闸及熔断路等电器，上端接电源，下端接负荷。

（3）进行配线：按照回路和图纸要求选择合适的线径和颜色；导线剥落处不应伤线芯

或线芯过长，导线压头应牢靠；导线垂直进入端子，多股导线不应盘圈压接，应加装压线端子；配电箱上配线需排列整齐，并绑扎成束，在活动部位应该两端固定；盘面引出及引入的导线应留有适当余度，以便检修；接系统的零线应在箱体引入线处或末端做好重复接地。如图1-22所示。

（4）绝缘遥测：配电箱全部电器安装完毕后，用绝缘电阻表对线路进行绝缘摇测。同时做好记录，作为技术资料存检。

图1-22　照明配电箱

2. 开关的连接

（1）首先根据型号和控制要求选择开关，单联开关是指面板上只有一位开关，多联开关指面板上有多位开关。进行外观和质量检验，并确定开关触点、翘板动作接触良好。

（2）开关进线接相线，出线接负载，零线不经过开关。开关底盒内导线应留有一定余量，方便检修。控制多联开关的进线端可以并联；单控开关只有两个接线端，一端接相线，一端接零线，接线方式如图1-23所示。

图1-23　单控开关接线

a）单联及双联开关　b）单联单控开关接线图

（3）双控开关具有三个接线端，可以只使用单控功能，两个双控开关可以对一盏灯具实现两地控制，多个双控开关也可实现三地控制。图1-24a、b分别为双控开关的两地控制和三地控制的接线图和原理图。

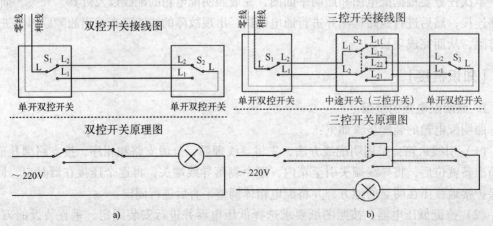

图1-24　双控及三控开关接线图和原理图

a）两地控制　b）三地控制

20

3. 照明灯具的连接

（1）灯具的一端连接开关出来的相线，另一端接零线。连接灯具的软线盘扣、搪锡压线，当采用螺口灯头时，相线接于螺口灯头中间的端子上，零线接在螺旋套上。

（2）荧光灯的连接，荧光灯电路由开关、镇流器、灯丝、启辉器组成，线路连接方式为串联，接线原理如图 1-25 所示。

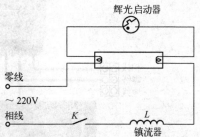

图 1-25　荧光灯电路接线原理图

4. 插座的连接

（1）单相两孔插座，面对插座的右孔或上孔与相线连接，左孔或下孔与零线连接；单相三孔插座，面对插座的右孔与相线连接，左孔与零线连接，上孔接地。

（2）三相四孔及三相五孔插座的接地（PE）或接零（PEN）线接在上孔，插座的接地端子不与零线端子连接，同一场所的三相插座，三相电源接线的相序一致。

（3）当接插有触电危险家用电器的电源时，采用能断开电源的带开关插座，开关断开相线。

常见插座及插座接线图如图 1-26、图 1-27 所示。

单相三孔　　　单相五孔　　　带开关单相五孔　　　三相四孔　　　三相五孔

图 1-26　常见插座

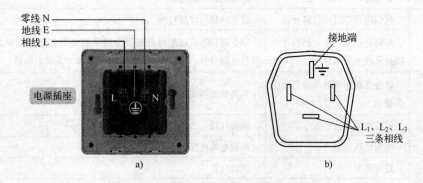

图 1-27　插座接线图

a）三孔插座接线图　b）三相四孔插座接线图

5. 计量装置的连接

如采用单相电表计量，电度表的 4 个接线端子，接线方式为 1、3 端子分别进相线和零线，2、4 端子分别出相线和零线。图 1-28 为采用电表计量的照明线路连接示意图。

6. 荧光灯电路的故障检测与排除

荧光灯电路的故障检测与排除见表 1-18。

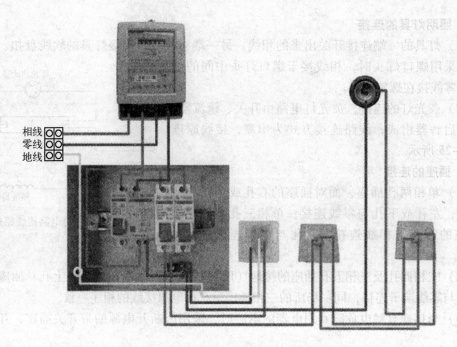

图 1-28　电表计量的照明线路连接示意图

表 1-18　荧光灯电路的故障与排除

故障现象	原　因	排除方法
荧光灯管不能发光	灯座或启辉器底座接触不良	转动灯管，使灯管四极和灯座两端接触良好，轻旋启辉器，使启辉器两极与底座铜片接触良好
	灯丝断开或灯管漏气	用万用表检查灯管是否损坏，如有损坏则更换灯管
	镇流器内部线圈开路	修理或调换镇流器
灯光抖动或两头发光	接线错误或灯座灯脚松动	检查线路或修理灯座
	启辉器氖泡内动、静触片不能分开或电容击穿	取下启辉器，试用螺钉旋具金属头将启辉器底座两铜片进行短接，然后立即分开，若灯亮，说明启辉器故障，调换启辉器
	镇流器配用规格不合适或接头松动	调换整流器或加固接头
	灯管陈旧	调换灯管
	电源电压过低	检测电源电压是否正常
灯管两端发黑或生黑斑	灯管陈旧	调换灯管
	新灯管，可能因启辉器损坏致使灯丝发射物质加速挥发	调换启辉器
灯管发光后立即熄灭或使用寿命短	线路接错将灯管烧坏	检查线路有无接错
	灯丝断了	检查灯管是否良好，坏了则调换灯管
	镇流器规格不对或镇流器内部线圈短路，导致灯管电压过高	修理或调换镇流器

[任务实施]

1. 装配照明配电箱

（1）选择低压电器

按项目图纸要求选择低压电器，并检测元件是否好用，漏电保护器功能是否正常，填入表 1-19 中。

表 1-19 低压电器选材表

低压电器型号	额定电流/极数	数量（个）	作用	质量好坏

（2）装配照明配电箱

按照图纸进行配线，注意导线颜色和线径的选择。

（3）绝缘检测

2. 连接开关、灯具、插座

按照要求连接各个开关、灯具和插座，注意连接完成后，暂时不要覆上开关盒插座的面板，待线路检测无误后再盖板。

3. 线路检测

线路连接完毕，检查线路。首先观察导线连接是否可靠，所有开关处于断开位置；然后用万用表进行检测。将万用表打到 $R \times 100\,\Omega$ 档或蜂鸣器档，检测各段线路是否正常，开关是否能控制相线，相线与零线、地线与零线避免短路。检测合格后，开关、插座要覆上面板。

4. 通电调试

观察照明功能是否全部实现。

5. 故障排除

结合故障现象，对照表 1-18 将检修结果填入表 1-20 中。

表 1-20 任务记录评价表

故障现象	检修方法	达成效果

[任务评价]

任务完成后，以小组为单位进行组内自我检测，并将检测结果填入表 1-21 中，对照评价表进行评价。

表 1-21　任务评价表

任务名称_____ 评价日期_____年____月____日

第___组　第一负责人_____　参与人_____

评价内容	评分标准	扣分情况	配分 100 分	得分
元器件选择	元器件选错或漏选，一个扣 2 分，扣完为止		10	
箱内配线	选错导线，一处扣 2 分；连接松动、不可靠，一处扣 1 分；错接、漏接，一处扣 3 分		10	
开关连接	未按图纸要求接线，一处扣 5 分；导线连接不合格，一处扣 2 分；导线余量过短或过长，一处扣 3 分		10	
插座连接	线路接错位，扣 5 分；导线连接不合格，一处扣 2 分；导线余量过短或过长，一处扣 3 分		10	
灯具连接	导线连接不合格，一处扣 2 分；导线余量过短或过长，一处扣 3 分		10	
功能测试与检修	一次通电不成功，扣 10 分；二次不成功，扣 15 分；三次扣完。检修方法不正确、万用表使用不当，酌情扣分		40	
文明操作与安全用电	工具使用不当发现一次扣 2 分；推送电顺序不正确，一次扣 10 分；违规操作，视情节严重程度，扣 5～20 分；出现短路、跳闸情况，一次扣 10 分		10	

项目评价与考核

所有任务完成后，项目结束，要对整个项目的完成情况进行综合评价和考核，具体评价规则见表 1-22 的项目验收单。

表 1-22　项目验收单

项目名称					姓名		综合评价	

第一负责人：　　　　　　　　　　参与人：

考核项目	考核内容	评分标准	评价结果			
			自评	互评	师评	等级
知识与技能 （50 分）	能准确回答相关问题，完成任务实施记录单	A：全部合格； B：有 1～2 处任务漏填、错填； C：3～4 处错填、漏填； D：4 处以上错填				
	能正确使用电工工具和检测仪表，选用灯具、开关、插座	A：所有工具元件选用正确； B：选错 1 个； C：选错 2 个； D：选错 3 个及以上				
	能按照工艺要求进行导线和端子连接，线槽线管拼接复合工艺	A：导线连接、槽管弯制合格； B：1～2 处不合格； C：3～4 处不合格； D：4 处以上不合格				

项目名称			姓名		综合评价		

第一负责人：　　　　　　　　　　参与人：

考核项目	考核内容	评分标准	评价结果			
			自评	互评	师评	等级
知识与技能（50分）	能按照图纸要求进行施工，元器件、线槽、线管位置安装准确	A：全部合格； B：1~2处错误； C：3~4处错误； D：5处以上错误				
	能实现电路功能，符合项目要求	A：1次通电成功，实现功能； B：检修调试，2次实现功能； C：检修调试，2次实现功能； D：跳闸，或3次未实现功能				
过程与方法（30分）	能够消化、吸收理论知识，能查阅相关工具书	A：完全胜任； B：良好完成； C：基本做到； D：严重缺乏或无法履行				
	能利用网络、信息化资源进行自主学习					
	能够在实操过程中发现问题并解决问题					
	能与老师进行交流，提出关键问题，有效互动，能与同学良好沟通，小组协作					
	能按操作规范进行检测与调试，任务时间安排合理					
态度与情感（20分）	工作态度端正，认真参与，有爱岗敬业的职业精神	A：态度认真，积极主动，热爱岗位，勇于担当； B：具备以上两项； C：具备以上一项； D：以上都不要具备				
	安全操作，注意用电安全，无损伤损坏元器件及设备，并提醒他人	A：安全意识强，能协助他人； B：规范操作，无损坏设备现象； C：操作不当，无意损坏； D：严重违规操作或恶意损坏				
	具有集体荣誉感和团队意识，具有创新精神	A：存在团队合作好、质量过关、速度快或其他突出之处； B：具备以上两项； C：具备以上一项； D：以上都不要具备				
	文明生产，执行7S管理标准（整理、整顿、清扫、清洁、素养、安全和节约）	A：以上全部具备； B：具备以上六项； C：具备以上五项； D：具备四项及以下				
说明	1. 综合评价说明： 8个及8个以上A（A级不得含有D级评价，否则降为B），综合等级评为A； 8个及8个以上B，综合等级评为B；8个及8个以上C，综合等级评为C； 6个及6个以上D，综合等级评为D。 2. 个别组员未能全部参加项目，不得评A，最高可评至B级。 3. 项目完成过程中有特殊贡献或重大改进的地方，可以适当加分					

项目自测题

一、填空题

1. 照明配电图中表明了照明线路的_____、_____、_____、_____和敷设方式等。

2. 照明线路中使用的线槽（管）一般采用 PVC 材料制成，分为_____和_____，A 型材较 B 型材_____。

3. 一般导线按颜色分类，三相电导线的颜色分别为_____、_____和_____，单相供电相线为_____，零线为_____，地线多采用_____。没有明确规定的，导线颜色选用_____。

4. 导线进行加工处理后要进行_____。

5. 说明图 1-29 中各字母的含义。

$$a - b \frac{c \times d}{e} f$$
图 1-29

a：_____；b：_____；c：_____；

d：_____；e：_____；f：_____。

6. 开关安装位置应便于操作，开关边缘距门框边缘的距离_____m，开关距地面高度_____m；拉线开关距地面高度_____m，层高小于 3 m 时，拉线开关距顶板不小于_____mm，拉线出口垂直向下。

7. 一般照明线路要求绝缘电阻不低于_____。

8. 槽底和槽盖直线段对接：底板和盖板均应分别成_____角的斜口进行连接，拼接要紧密，底板的线槽要对齐、对正，底板与盖板的接口要错_____。

9. 荧光灯电路由_____、_____、_____和_____组成，它们之间是_____联的。

10. 开关进线接_____线，出线接_____。开关底盒内导线应留有一定_____，方便检修。

11. 单相两孔插座，面对插座的右孔或上孔与_____线连接，左孔或下孔与_____线连接；单相三孔插座，右孔接_____线，左孔接_____，上孔接_____。

12. 配电箱全部电器安装完毕，用_____表对线路进行绝缘测量。

13. 单股导线压接端子是要弯制_____。

14. 使用万用表测量过程中如需换档，先_____，换档后再测量，欧姆档换档后需要进行_____。

15. 万用表使用完毕，将转换开关置于_____档。

二、判断题

1. 铜导线的电导率比铝导线要高。（　　）

2. 灯具的安装方式中 Ch 表示线吊式安装。（　　）

3. 照明平面图中 PVC 表示采用塑料线槽敷设，PR 表示采用相关敷设。（　　）

4. DZ47LE - 32/C30 是具有漏电保护功能的空气开关。（　　）

5. 线槽底板与盖板的接口要错开 100 mm。（　　）

6. BVR - 3 ×1.5 PR 表示 3 根 2.5 mm² 的塑料绝缘铜芯硬导线沿线管敷设。（　　）

7. 照明配电箱、开关、插座等的安装位置偏差不得超过 2 mm。（　　　）

8. 灯具两端有一根相线、一根零线。（　　　）

9. 剥削导线的绝缘层用到的工具主要有电工刀、剥线钳、钢丝钳。（　　　）

10. 零线一般不经过开关。（　　　）

11. 低压电线和电缆，线间和线对地间的绝缘电阻值必须大于 0.5 MΩ。（　　　）

12. 截面积在 10 mm^2 及以下的单股铜芯线和单股铝芯线不可直接与设备连接。（　　　）

三、选择题

1. 链吊式安装方式的符号表示为（　　　）。

    A. CP　　　　　　　　B. CP1　　　　　　　　C. P　　　　　　　　D. Ch

2. 下列（　　　）符号表示如下含义：外壳绝缘等级为 16 A，额定电流为 10 A，具有漏电保护功能，用于动力线路。

    A. DZ47LE – 16/C10　　　　　　　　　B. DZ47 – 16/D10

    C. DZ47 – 16/C10　　　　　　　　　　D. DZ47LE – 16/D10

3. 线路绝缘电阻的检测应选用（　　　）。

    A. 绝缘电阻表　　　　B. 万用表　　　　　　C. 功率表　　　　　　D. 电压表

4. 测量照明线路的绝缘电阻时应选用电压等级（　　　）的绝缘电阻表。

    A. 250 V　　　　　　B. 500 V　　　　　　　C. 1000 V　　　　　　D. 2500 V

5. 车间及试（实）验室的插座安装高度距地面不小于（　　　）。

    A. 0.15 m　　　　　　B. 0.2 mV　　　　　　C. 0.3 m　　　　　　D. 1.5 m

6. 下列说法不正确的是（　　　）。

    A. 每个设备和器具的端子接线不多于 2 根电线。

    B. 电线、电缆的回路标记应清晰，编号准确。

    C. 开关安装位置便于操作，安装高度 1.3 m。

    D. 双控开关不具有单控功能。

四、简答题

1. 简述多股导线 T 字形连接的步骤与要求。

2. 简述单股导线直线连接的步骤与要求。

3. 怎样正确使用验电笔？

4. 试说明绝缘电阻表的使用方法和注意事项？

5. 解释下列标注的含义。

（1）DZ47LE – 32/C30

（2）BLV（3×60 + 2×35）SC70 – WC

（3）5 – YZ402×40/2.5Ch

（4）20 – YU601×60/3CP

6. 画出单相电度表的接法。

7. 某荧光灯管不能发光，试分析故障原因。

五、拓展训练

1. 试按照图 1–30 所示的照明配电图完成照明配电箱的配线。

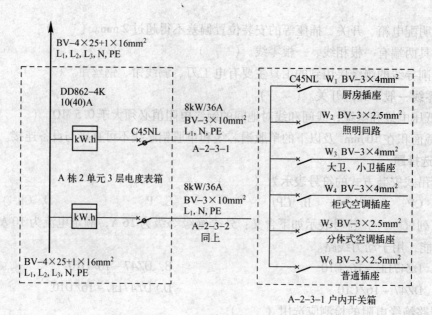

图 1-30　带计量装置的照明线路

2. 试分析图 1-31 所示的照明平面图。

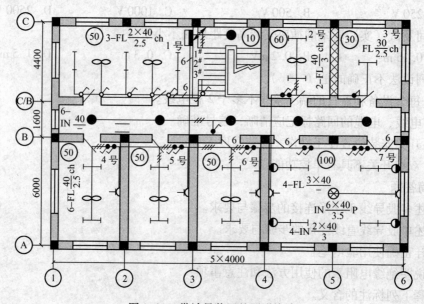

图 1-31　带计量装置的照明线路

项目2 继电器-接触器控制电路的安装与检修

[项目引入]

三相异步电动机作为电力拖动中的原动机，在工业、农业等多领域应用非常广泛，本项目主要分任务介绍了三相绕线转子异步电动机起动电路、位置开关控制自动往返控制电路、三相异步电动机星-三角（Y-△）减压起动控制电路、三相异步电动机制动控制电路、电动机顺序控制电路各自的结构特点与工作原理，并在实训板上进行调试运行，介绍了各部分功能和作用。

[能力目标]

1. 能进行三相绕线转子异步电动机起动电路的安装、调试、运行；
2. 能够说出进行三相异步电动机位置控制电路的电路原理，熟练掌握控制元件功能，会安装、调试、运行；
3. 能够说出Y-△减压起动控制电路原理，熟练掌握控制元件功能，会安装、调试、运行；
4. 熟悉反接制动、能耗制动控制电路原理，熟练掌握控制元件功能，会安装、调试、运行；
5. 能够说出多台三相交流异步电动机顺序控制电路原理，熟练掌握控制元件功能，会安装、调试、运行。

[达成目标]

完成三相异步电动机长动、自动往返、Y-△减压起动、反接制动、顺序控制的电气控制系统的安装调试与故障排除。

任务2.1 三相绕线转子异步电动机控制系统

[任务引入]

笼型三相异步电动机的控制，要求必须在轻载或空载的情况下起动，并且要求不频繁起动、制动和反转。有些场合，例如起重机、卷扬机等，通常是重载起动，此时笼型三相异步电动机一般不能满足起动要求，那么可以采用绕线转子异步电动机。控制电路设计要求如下：

1. 电路具有以下保护环节：短路保护、失压保护、欠压保护、过载保护。
2. 控制电路功能：通过转子上的滑环外接电阻器来改变转子回路电阻，从而达到减小起动电流、增大起动转矩及调节转速的目的。

[知识链接]

知识链接1　认识低压电器

1. 低压断路器

（1）低压断路器用途

低压断路器是一种常用的低压开关，也称自动空气开关。它是一种既可以接通和分断正常负荷电流和过负荷电流，又可以分断短路电流的开关电器。低压断路器在电路中除起控制作用外，还具有一定的保护功能，如短路、过载、欠压和漏电保护等。

（2）低压断路器外形

低压断路器外形如图2-1所示。

图2-1　低压断路器外形

（3）低压断路器的结构

低压断路器主要由触头、灭弧装置、操动机构和保护装置等组成。断路器的保护装置由各种脱扣器来实现。断路器的脱扣器形式有：欠压脱扣器、过电流脱扣器、分励脱扣器等。其结构如下图2-2所示。

（4）低压断路器分类

低压断路器的分类方式很多。

1）按结构形式分有 DW15、DW16、CW 系列万能式、DZ5 系列、DZ15 系列、DZ20 系列、DZ25 系列塑壳式断路器；

2）按灭弧介质分有空气式和真空式（目前国产多为空气式）；

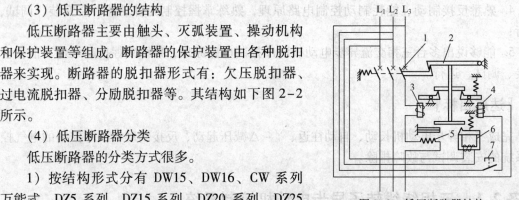

图2-2　低压断路器结构

1—主触头　2—自由脱扣机构
3—过电流脱扣器　4—分励脱扣器
5—热脱扣器　6—失压脱扣器　7—按钮

3）按操作方式分有手动操作、电动操作和弹簧储能机械操作；

4）按极数分有单极式、二极式、三极式和四极式；按安装方式分有固定式、插入式、抽屉式和嵌入式等。低压断路器容量范围很大，最小为4 A，而最大可达5000 A 。

（5）低压断路器型号含义与电路符号（见图2-3）

（6）断路器选用原则；

1）额定工作电压大于或等于线路额定电压；

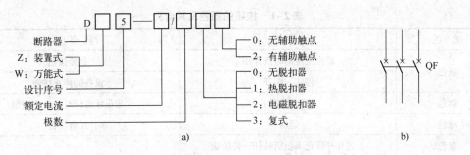

图 2-3　低压断路器的型号含义与电路符号

a）型号含义　b）电路符号

2）额定电流大于或等于线路负载电流；

3）电磁脱扣器整定电流大于或等于负载最大峰值电流（负载短路时电流值达到脱扣器整定值时，空开瞬时跳闸。一般 D 型代号的空开出厂时，电磁脱扣器整定电流值为额定电流的 8 ~ 12 倍。）也就是说短路跳闸与电机起动电流是可以避开的。

2. 按钮

（1）按钮的用途

按钮是一种常用的控制电器元件，常用来手动接通或断开"控制电路"（其中电流很小），它不直接控制主电路的通断，而是通过控制电路远距离发出手动指令或信号去控制接触器、继电器等，从而达到控制电动机或其他电气设备运行目的。

（2）按钮的种类

控制按钮的种类很多，指示灯式按钮内可装入信号灯显示信号；紧急式按钮装有蘑菇形钮帽（简称蘑形按钮），以便紧急操作；旋钮式按钮用于扭动旋钮来进行操作。常见按钮的外形如图 2-4 所示。

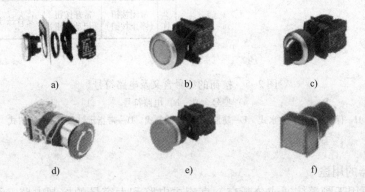

图 2-4　按钮的外形

a）按钮分解图　b）指示灯　c）旋钮　d）急停按钮　e）磨头按钮 – 不带灯　f）小型按钮

（3）按钮的颜色及其含义

按钮的颜色及其含义见表 2-1。

（4）按钮的结构

控制按钮由按钮帽、复位弹簧、桥式触点和外壳等组成，通常做成复合式，即同时具有动合触点和动断触点。

表 2-1　按钮的颜色及其含义

颜　色	含　义	典　型　应　用
红色	发生危险的时候作用	急停按钮
	停止、断开	设备的停止按钮
黄色	应急情况	非正常运行时的终止按钮
绿色	起动	开启按钮
蓝色	上述几种颜色未包括的任一种功能	
黑色/灰色/白色	其他的任一种功能	

（5）按钮的分类

按钮根据其内部触点在按钮未动作时所处的状态可分为常开按钮、常闭按钮、常开常闭按钮（复合按钮）三种。常开按钮是按钮未动作时开关触点断开的按钮。常闭按钮是按钮未动作时开关触点接通的按钮。复合按钮是按钮未动作时开关触点既有接通也有断开的按钮。

（6）按钮的型号含义及电路符号

按钮的型号含义及电路符号如图 2-5 所示。

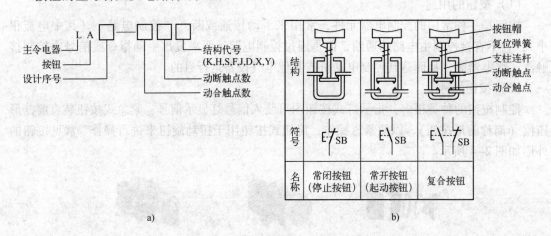

图 2-5　按钮的型号含义及电路符号

a）型号含义　b）电路符号

K—开启式　H—保护式　S—防水式　F—防腐式　J—紧急式　D—带指示灯式　X—旋钮式　Y—钥匙式

3. 接触器

（1）接触器的用途

接触器主要用于频繁接通或分断交、直流主电路和大容量的控制电路，可远距离操作，配合继电器可以实现定时操作，联锁控制及各种定量控制和失压及欠压保护。接触器按主触点通入电流的种类，分为交流接触器和直流接触器。以下介绍交流接触器的应用知识。

（2）交流接触器的结构

如图 2-6 所示，交流接触器主要由电磁机构（包括电磁线圈、铁心和衔铁）、触头系统（主触头和辅助触头）、灭弧装置（图中未画出）及其他部分组成。

（3）接触器的外形

几种常见的交流接触器外形如图 2-7 所示。

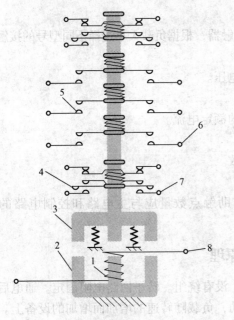

图 2-6　接触器结构　　　　　图 2-7　常见接触器外形

1—电磁线圈　2—铁心　3—衔铁　4—主触头
5—辅助触头　6—动触点　7—静触点　8—电磁铁

（4）交流接触器的型号含义及电路符号

常见接触器有 CJ20 系列、3TH 和 CJX1（3TB）系列。其中 CJ20 系列是较新的产品，而 3TH 和 CJX1（3TB）系列是从德国西门子公司引进制造的新型接触器。接触器的型号含义及电路符号如图 2-8 所示。

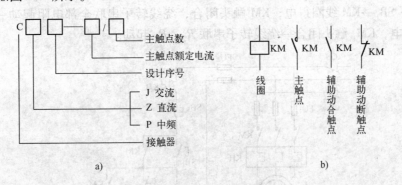

图 2-8　接触器的型号含义及电路符号

a）型号含义　b）电路符号

（5）交流接触器的工作原理

当线圈通电时，静铁心产生电磁吸力，将动铁心吸合，由于触头系统是与动铁心联动的，因此动铁心带动三条动触片同时运行，触点闭合，从而接通电源。当线圈断电时，吸力消失，动铁心联动部分依靠弹簧的反作用力而分离，使主触头断开，切断电源。

（6）交流接触器的选择

一般根据以下原则来选择接触器：

1）接触器类型

交流负载选交流接触器，直流负载选直流接触器，根据负载大小选择不同型号的接触器。

2）接触器额定电压

接触器的额定电压应大于或等于负载回路电压。

3）接触器额定电流

接触器的额定电流应大于或等于负载回路的额定电流。

4）吸引线圈的电压

吸引线圈的额定电压应与被控回路电压一致。

5）触点数量

接触器的主触点、常开辅助触点、常闭辅助触点数量应与主电路和控制电路的要求一致。

知识链接2　转子串接三相电阻起动原理

笼型异步电动机的转子一般是铸铝浇铸的，没有绕组。转子回路电阻固定。通电后，转矩随转速上升而增大。一般用于空载或轻载起动，负载随转速的增加而增加的设备上。

绕线型异步电动机的转子上绕有和定子一样的绕组，经过电刷连接。可以通过转子上的滑环外接电阻器来改变转子回路电阻，从而达到减小起动电流、增大起动转矩及调节转速的目的。通常用在需要全负荷起动的设备。也用于频繁起动的设备。

起动时，在转子回路串入作Y形联结、分级切除的三相起动电阻器，以减小起动电流、增加起动转矩。随着电动机转速的升高，逐级减小可变电阻。起动完毕，切除可变电阻器，转子绕组被直接短接，电动机便在额定状态下运行。

转子串接三相电阻起动电气原理图如图2-9所示。电路工作过程为：首先合上电源开关 QS→按下 SB_1→KM 线圈得电，KM 触头闭合，绕线转子串联全部电阻起动→按下 SB_2→KM_1 线圈得电，KM_1 触头闭合→绕线转子串联 R_2，R_3 起动。

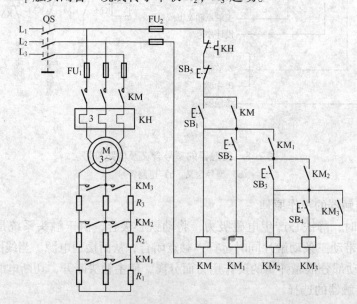

图2-9　转子串接三相电阻起动电气原理图

按下 SB_3→KM_2 线圈得电，KM_2 触头闭合→绕线转子串联 R_3 起动→按下 SB_4→KM_3 线圈得电，KM_3 触头闭合→绕线转子切除全部电阻运行→电动机继续运转。

[任务实施]

1. 元器件选型

本任务所需元器件清单列于表 2-2，其中型号和规格一栏依据实际选用的型号和规格自行填写。

表 2-2　元器件明细表

名　称	符号	型号/规格	数量	作　用
低压断路器				
交流接触器				
热继电器				
按钮				
三相异步电动机				
电阻				

2. 元器件检测

低压电器的检测采用外观检查和万用表检测，外观检查包括看元器件的额定电流是否符合标准；看外表是否破损；看接线座是否完整，有无垫片；看触点动作是否灵活，有无卡阻；看触点结构是否完整，有无垫片。

然后进行万用表检测，方法见表 2-3。

表 2-3　万用表检测

名　称	代号	检测步骤及结果	
熔断器	FU	万用表打至 $R\times1\Omega$ 档，依次测量上下接线座之间电阻。正常阻值接近 0Ω，若为无穷大 ∞，则熔体接触不良或熔体烧坏	
		检测结果：	
空气断路器	QF	万用表打至 $R\times1\Omega$ 档，依次测量 QF 上下对应触点电阻，阻值为 ∞，合上 QF，阻值接近 0Ω，说明断路器正常	
		检测结果：	
交流接触器	KM	线圈	万用表调整到 $R\times100\Omega$ 档，测线圈电阻，若阻值在 $1\sim2\mathrm{k}\Omega$ 之间，正常；若阻值为 ∞，则线圈断
			检测结果：
		触点	万用表调整到 $R\times1\Omega$ 档，测量动断（动合）触点，正常阻值为 0Ω（∞），手动吸合 KM，阻值变为 ∞（0Ω）
			检测结果：
电动机	M	万用表打至 $R\times1\Omega$ 档，测量 U、V、W 三相间电阻，正常为 ∞，再分别测 U_1-U_2、V_1-V_2、W_1-W_2 各相线圈阻值，若阻值在 $1\sim2\mathrm{k}\Omega$ 之间，正常；若阻值为 ∞，则该相线圈断。用绝缘电阻表检测电动机绕组对外壳绝缘电阻应大于 $0.5\mathrm{M}\Omega$	
		检测结果：	

名　称	代号	检测步骤及结果		
按钮	SB	万用表打至 $R \times 1\,\Omega$ 档，测量动断（动合）触点，正常阻值为 $0\,\Omega$（∞），手动按下按钮，阻值变为 ∞（$0\,\Omega$）		
		检测结果：		
热继电器	FR	热元件	万用表打至 $R \times 1\,\Omega$ 档，测热元件触点电阻，正常时接近 $0\,\Omega$	
			检测结果：	
		动断触点	万用表打至 $R \times 1\,\Omega$ 档，测动断触点电阻，正常时接近 $0\,\Omega$，手动模拟过载（按下红色按钮），阻值变为 ∞，按下复位按钮，又恢复为 $0\,\Omega$，则良好	
			检测结果：	

3. 安装线路

检测好元器器件后，将元器件固定在实训安装板的卡轨上，如图 2-10 所示。注意元器件要按照电气元器件布置图来安装，保证各个元器件的安装位置间距合理、均匀，元器件安装要平稳且注意安装方向。

图 2-10　元器件安装示意图

4. 检修线路与故障排除

线路连接后，必须进行检查。

（1）检查布线：按照电路图上从左到右的顺序检查是否存在掉线、错线，是否存在漏编、错编线号，是否存在接线不牢固。

（2）使用万用表检查：使用万用表电阻档位按照电路图检查是否有错线、掉线、错位、短路等。检测过程见表 2-4。

表 2-4　万用表检测电路过程（档位：$R \times 100\,\Omega$）

测量任务	测量过程			正确阻值	测量结果
	测量数据	工序	操作方法		
测量主电路	接上电动机，分别测量 QF 出线端处任意两相之间的阻值	1	所有器件不动作	∞	
		2	手动 KM	电动机 M 两相定子绕组阻值之和	
		3	手动 FR	阻值变为 ∞	
	分别测量 QF 出线端至电动机定子绕组首端各相阻值	4	手动 KM	$L_1 - U$ 间、$L_2 - V$ 间、$L_3 - W$ 间阻值均为 $0\,\Omega$	

测量任务	测量过程			正确阻值	测量结果
	测量数据	工序	操作方法		
测量控制电路	断开电动机，测量控制电路引至 QF 任选两相出线端处的阻值	5	所有器件不动作	∞	
		6	按下起动按钮不动	接触器线圈阻值，约为 $1k\Omega \sim 2k\Omega$	
		7	接续工序 6，再按下停止按钮	阻值变为 ∞	
		8	接续工序 6，再按下热继电器	阻值变为 ∞	
	测量 KM_1 自锁	9	按下起动按钮	接触器常开触点两端阻值，为 0Ω	

以上检测方法仅供参考，使用万用表检测电路过程不唯一，可自行采用其他检测过程。

5. 通电试车

电路检测完毕，盖好行线槽盖板，准备通电试车。严格按照以下步骤进行通电试车：

（1）一人操作，同时提醒组内成员及周围同学：注意要通电了！

（2）通电操作过程：合上实验台上 QF，接通三相电源→合上实训安装板上 QF，安装电路接通三相电源→按下起动按钮 SB_1→电动机缓慢起动→按下按钮 SB_2→电动机转速变快→按下按钮 SB_3→电动机转速变快→按下按钮 SB_4→电动机以额定转速连续运转→按下停止按钮 SB_5→电动机停止→重新按下起动按钮→电动机运转→模拟热继电器过载→电动机停转，断开实训安装板上 QF，切断安装电路的三相电源→断开实验台上 QF，切断三相电源。

6. 故障分析与排除

（1）通电观察故障现象，停电检修，并验电，确保设备及线路不带电。

（2）挂"禁止合闸、有人工作"警示牌。

（3）按照电气线路检查方法进行检查，一人检修，一人监护。

（4）执行"谁停电谁送电"制度。

［任务评价］

对整个项目的完成情况进行综合评价和考核，具体评价规则见表 2-5 的任务记录评价表。

表 2-5　任务记录评价表

任务名称＿＿＿＿＿＿＿＿＿＿＿＿＿＿＿＿＿＿＿＿＿＿＿＿＿＿＿＿＿评价日期＿＿＿＿＿年＿＿月＿＿日

第＿＿组　第一负责人＿＿＿＿＿＿＿　参与人＿＿＿＿＿＿＿＿＿＿＿＿＿＿＿＿＿＿

评价内容	评分标准	扣分情况	配分100 分	得分
电气原理图	原理图绘制错误，一处扣 1 分；电路工作原理描述不清，一处扣 1 分		10	
元器件检测	元器件选错或漏选，一处扣 1 分；元器件未检测或方法错误，一处扣 2 分，扣完为止		10	

第___组 第一负责人_____ 参与人_____

评价内容	评分标准	扣分情况	配分 100分	得分
线路敷设	不按电路图接线，一处扣5分；主电路接线错误，一处扣3分；控制电路接线错误，一处扣2分；布线不合理（每个接点线数不超过3个，沿线槽布线），一处扣2分；有意损坏导线绝缘或线芯，一处扣1分；接线有压胶、反圈、露铜每一处扣2分		50	
线路检查	仪表、工具使用不合适每次扣2分；排查顺序不合理扣2分；不能找到故障点并排除扣5分		10	
通电试车	操作工作过程不正确扣5分；出现故障不能找到故障点并排除，酌情扣分		10	
安全规范	不能安全用电，出现违规用电；不能安全使用仪表工具，存在安全隐患或不安全行为酌情扣分		5	
文明操作	操作过程不认真，擅自离开工位一次3分；考核结束，工具元器件不如数上交，工位收拾不干净，酌情扣分		5	

任务2.2　安装工作台自动往返控制系统

［任务引入］

本任务是使一工作台往返运行，如图2-11所示。

运动过程如下：按下左行起动按钮，工作台左行，到达A位置工作台停止左行，开始右行，到达B位置，工作台停止右行，开始左行，如此在A、B两点间往返运行。

按下右行起动按钮，工作台右行，到达B位置工作台停止右行，开始左行，到达A位置，工作台停止左行，开始右行，如此在A、B两点间往返运行。运动过程中按下停止按钮，工作台停止运行。

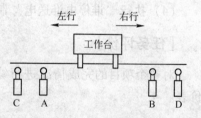

图2-11　工作台自动往返运行示意图

根据任务要求，可分析出工作台采用三相异步电动机进行拖动控制。工作台左行、右行即要求电动机实现正反两个方向运转。可在A、B两点安装位置开关进行位置控制，限制工作台行程。当工作台行驶到A或者B位置，利用两个位置开关进行正转、反转自动切换。通过具有相应保护功能的低压电器实现：短路保护、欠压保护；失压保护功能通过低压断路器实现；过载保护通过热继电器实现；同时应设有联锁保护环节。

[知识链接]

知识链接 1　常用低压电器——位置开关

1. 位置开关的作用

位置开关又称行程开关或限位开关，是一种常用的小电流主令电器，用以将机械位移信号转换成电信号，从而使电动机运行状态发生改变。位置开关主要作用有：

（1）检测——检测工件是否到位、刀具有无折断等。

（2）控制——发出运动部件到位信号、加工完成信号以及其他联锁信号，以控制生产机械的行程、位置改变其运动状态，即按一定行程自动停车、反转变速或自动往返。

（3）保护——用作极限位置保护及其他联锁保护等。

2. 位置开关的类型

分类：分为直动式（按钮式）、滚轮式（旋转式）。见图 2-12。

a)　　　　　　　　b)　　　　　　　　c)

图 2-12　常见位置开关外形

a）直动式　b）单滚轮式　c）双滚轮式

3. 位置开关的动作结构与原理

结构：由操作头、触点系统和外壳组成。具体组成见图 2-13。

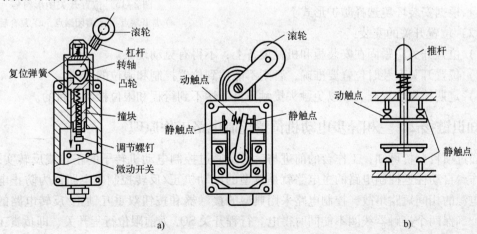

a)　　　　　　　　　　　　　　b)

图 2-13　位置开关结构与原理图

a）滚轮式结构与原理图　b）直动式原理图

位置开关动作原理与按钮相似，不同的是其触点动作不是手动，而是利用生产机械运动部件的碰撞使其触头动作来实现接通或分断控制电路。当两者发生碰撞时，行程开关的动断触点断开，动合触点闭合。

4. 位置开关的型号含义

位置开关的型号含义如图 2-14 所示。

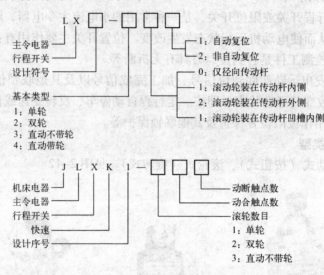

图 2-14　LX 系列位置开关型号含义

5. 位置开关的符号

位置开关图形符号如图 2-15 所示。

6. 位置开关的选用和安装

（1）位置开关的选用

1）根据应用场合及控制对象选择种类。

2）根据控制回路的额定电压和额定电流选择系列。

3）根据安装环境选择防护形式。

（2）位置开关的安装：

1）位置开关应紧固在安装板和机械设备上，不得有晃动现象。

2）位置开关安装时位置要准确，否则不能达到位置控制和限位的目的。

3）定期检查位置开关，以免触头接触不良而达不到行程和限位控制的目的。

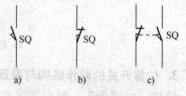

图 2-15　位置开关图形符号
a）常开触点　b）常闭触点　c）复合触点

知识链接 2　三相异步电动机位置控制电路工作原理

通过项目分析可知，工作台的前进与后退是通过控制电动机转子的正转或反转实现的，故工作台自动往返控制电路的主电路就是典型的电动机正/反转控制主电路，为防止电动机三相电源的相间短路事故，控制电路采用典型的接触器和按钮双重互锁正/反转电路的控制电路，确保两个接触器线圈不能同时得电。行程开关 SQ_1 为前限位行程开关、即负责工作台后退（电动机反转）的起动，SQ_2 为后限位行程开关即负责工作台前进（电动机正转）的起动，SQ_3 为前极限位行程开关、SQ_4 为后极限位行程开关。

三相异步电动机位置控制电路电气原理图如图 2-16 所示。工作过程：合上 QF→接通三相电源→按下前进起动按钮 SB_2→电动机连续正转（工作台前进）→碰到前限位行程开关 SQ_1→电动机由正转变为反转（工作台后退）→碰到后限位行程开关 SQ_2→电动机又由反转变为正转（工作台前进）→碰到行程开关 SQ_3→电动机停转→再次按下后进起动按钮 SB_3→电动机反转（工作台后退）→碰到行程开关 SQ_4→电动机停转→按下前进起动按钮 SB_2→电动机正转（工作台前进）→按下停止按钮 SB_3→电动机停转→断开 QF→切断安装电路的三相电源。

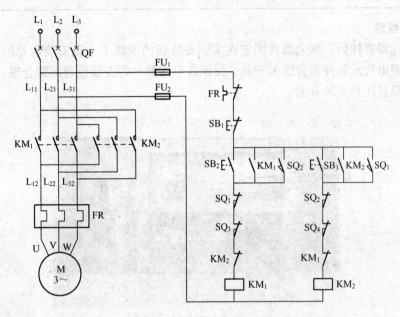

图 2-16　三相异步电动机位置控制电路电气原理图

[任务实施]

1. 元器件选型

本项目所需元器件清单列于表 2-6，其中型号和规格依据实际选用的型号和规格自行填写。

表 2-6　元器件明细表

名称	符号	型号	规格	数量	作用
低压断路器					
交流接触器					
热继电器					
按钮					
三相异步电动机					

2. 元器件检测

首先进行外观检查，查看元器件的额定电流是否符合标准；看外表是否破损；看接线座是否完整，有无垫片；看触点动作是否灵活，有无卡阻；看触点结构是否完整，有无垫片。

接下来进行万用表检测，检测方法见表2-7，其他元件检测参照任务一。

表2-7　万用表检测

名　称	代　号	检测步骤及结果
行程开关	SQ	万用表打至 $R \times 1\,\Omega$ 档，测量动断（动合）触点，正常阻值为 $0\,\Omega$（∞），手动按下按钮，阻值变为 ∞（$0\,\Omega$）
		检测结果：

3. 安装线路

检测好元器件后，将元器件固定在实训安装板的卡轨上，见安装示意图2-17。注意元器件要按照电气元器件布置图来安装，保证各个元器件的安装位置间距合理、均匀，元器件安装要平稳且注意安装方向。

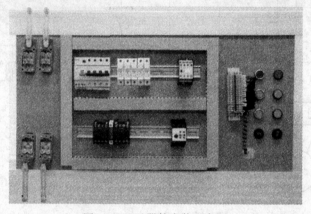

图2-17　元器件安装示意图

元器件安装好后根据电气原理图进行布线，总体要求：导线通过线槽出入、横平竖直、转角直角、长线沉底、走线成束、同面不交义、可靠、美观。

4. 检修线路与故障排除

线路连接后，必须进行检查。

（1）检查布线：按照电路图上从左到右的顺序检查是否存在掉线、错线，是否存在漏编、错编线号，是否存在接线不牢固。

（2）使用万用表检查：使用万用表电阻档位按照电路图检查是否有错线、掉线、错位、短路等。检测过程见表2-8。

表2-8　万用表检测电路过程（档位：$R \times 100\,\Omega$）

测量任务	测量过程			正确阻值	测量结果
	测量数据	工序	操作方法		
测量主电路	接上电动机，分别测量 QF 出线端处任意两相之间的阻值	1	所有器件不动作	∞	
		2	手动 KM_1	电动机 M 两相定子绕组阻值之和	
		3	手动 KM_2	电动机 M 两相定子绕组阻值之和	
		4	手动 FR	阻值变为 ∞	

测量任务	测量过程			正确阻值	测量结果
	测量数据	工序	操作方法		
测量控制电路	断开电动机，测量控制电路引至 QF 任选两相出线端处的阻值	5	所有器件不动作	∞	
		6	按下前进起动按钮不动	接触器线圈阻值，约为 1 kΩ～2 kΩ	
		7	接续工序 6，再按下停止按钮	阻值变为 ∞	
		8	接续工序 6，再按下后退停止按钮	阻值变为 ∞	
	断开 KM₁ 线圈出线端的导线，测量停止按钮出线端和 KM₁ 线圈出线端之间阻值	9	所有器件不动作	∞	
		10	手动 KM₁	接触器线圈阻值，约为 1 kΩ～2 kΩ	
		11	接续工序 10，手动 KM₂	∞	
		12	手动 KM₂	接触器线圈阻值，约为 1 kΩ～2 kΩ	
		13	接续工序 10，手动 SQ₂	接触器线圈阻值，约为 1 kΩ～2 kΩ	
		14	接续工序 10，手动 SQ₃	∞	
	断开 KM₂ 线圈出线端的导线，测量停止按钮出线端和 KM₁ 线圈出线端之间阻值	15	所有器件不动作	∞	
		16	手动 KM₂	接触器线圈阻值，约为 1 kΩ～2 kΩ	
		17	接续工序 10，手动 KM₁	∞	
		18	手动 KM₂	接触器线圈阻值，约为 1 kΩ～2 kΩ	
		19	接续工序 10，手动 SQ₁	接触器线圈阻值，约为 1 kΩ～2 kΩ	
		20	接续工序 10，手动 SQ₄	∞	

以上检测方法仅供参考，使用万用表检测电路过程不唯一，可自行采用其他检测过程。

5. 通电试车

电路检测完毕，盖好线槽盖板，准备通电试车。严格按照以下步骤进行通电试车：

（1）一人操作，同时提醒组内成员及周围同学注意，要通电了！

（2）通电操作过程：合上实验台上 QF，接通三相电源→合上实训安装板上 QF，安装电路接通三相电源→按下前进起动按钮→电动机连续正转（工作台前进）→手动前限位行程开关 SQ₁→电动机由正转变为反转（工作台后退）→手动后限位行程开关 SQ₂→电动机又由反转变为正转（工作台前进）→手动行程开关 SQ₃→电动机停转→再次按下后进起动按钮→电动机反转（工作台后退）→手动行程开关 SQ₄→电动机停转→按下前进起动按钮→电动机正转（工作台前进）→按下停止按钮，电动机停转→断开实训安装板上 QF，切断安装电路的三相电源→断开实验台上 QF，切断三相电源。

6. 故障分析与排除

（1）通电观察故障现象，停电检修，并验电，确保设备及线路不带电。

（2）挂"禁止合闸、有人工作"警示牌。

（3）按照电气线路检查方法进行检查，一人检修，一人监护。具体方法参见表 2-8 部分内容。

（4）执行"谁停电谁送电"制度。

[任务评价]

对整个任务的完成情况进行综合评价和考核，具体评价规则见表2-9的任务记录评价表。

表2-9　任务记录评价表

任务名称＿＿＿＿＿＿＿＿＿＿＿＿＿＿＿＿＿＿＿＿＿＿＿＿＿＿评价日期＿＿＿＿＿年＿＿月＿＿日

第＿＿组　第一负责人＿＿＿＿＿参与人＿＿＿＿＿＿＿＿＿＿＿＿＿＿＿＿＿＿＿＿＿＿

评价内容	评分标准	扣分情况	配分 100分	得分
电气 原理图	原理图绘制错误，一处扣1分；电路工作原理描述不清，一处扣1分		10	
元器件 检测	元器件选错或漏选，一处扣1分；元器件未检测或方法错误，一处扣2分，扣完为止		10	
线路 敷设	不按电路图接线，一处扣5分；主电路接线错误，一处扣3分；控制电路接线错误，一处扣2分；布线不合理（每个接点线数不超过3个，沿线槽布线），一处扣2分；有意损坏导线绝缘或线芯，一处扣1分；接线有压胶、反圈、露铜每一处扣2分		50	
线路检查	仪表、工具使用不合适每次扣2分；排查顺序不合理扣2分；不能找到故障点排除扣5分		10	
通电 试车	操作工作过程不正确扣5分；出现故障不能找到故障点并排除，酌情扣分		10	
安全 规范	不能安全用电，出现违规用电；不能安全使用仪表工具，存在安全隐患或不安全行为酌情扣分		5	
文明 操作	操作过程不认真，擅自离开工位一次3分；考核结束，工具元器件不如数上交，工位收拾不干净，酌情扣分		5	

任务2.3　安装风机减压起动控制系统

[任务引入]

本任务中的风机广泛用于工厂、矿井、隧道、冷却塔、车辆、船舶和建筑物的通风、排尘和冷却；锅炉和工业炉窑的通风和引风；空气调节设备和家用电器设备中的冷却和通风；谷物的烘干和选送；风洞风源和气垫船的充气和推进等。本次任务为设计一个三相异步电动机减压起动系统，用以驱动风机运行。

[知识链接]

知识链接1　认识继电器

继电器是一种根据某种输入信号的变化，而接通或断开控制电路，实现自动控制和保护电力拖动系统的电器。继电器由承受机构、中间机构和执行机构三部分组成，承受机构反映和接入继电器的输入量，并传递给中间机构，将它与额定的整定值进行比较，当达到整定值时（过量或者欠量），中间机构就使执行机构产生输出量，从而接通或断开被控电路。因此，继电器一般不是用来直接控制信号较强电流的主电路，而是在控制电路中，通过接触器或其他电器对主电路进行控制。输入的信号可以是电压、电流等电量，也可以是转速、时间、温度和压力等非电量。继电器的种类较多，其工作原理和结构也各不相同，常用的种类包括：电流继电器、电压继电器、热继电器、时间继电器、速度继电器等。下面介绍几种常用的继电器：热继电器、压力继电器和时间继电器。

1. 热继电器

（1）热继电器的用途

热继电器主要用于过载、缺相及三相电流不平衡的保护。

（2）热继电器的结构和工作原理

热继电器的形式有多种，其中以双金属片式应用最多。双金属片式热继电器主要由发热元件、双金属片和触点三部分组成，如图2-18所示。双金属片是热继电器的感测元件，由两种膨胀系数不同的金属片辗压而成。当串联在电动机定子绕组中的热元件有电流流过时，热元件产生的热量使双金属片伸长，由于膨胀系数不同，致使双金属片发生弯曲。电动机正常运行时，双金属片的弯曲程度不足以使热继电器动作。但是当电动机过载时，流过热元件的电流增大，加上时间效应，就会加大双金属片的弯曲程度，最终使双金属片推动导板使热继电器的触点动作，切断电动机的控制电路。

（3）热继电器的外形

热继电器的外形如图2-19所示。

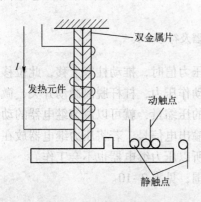

图2-18　热继电器的结构　　　　图2-19　热继电器外形

（4）热继电器的型号含义与电路符号

热继电器的型号含义与电路符号如图2-20所示。

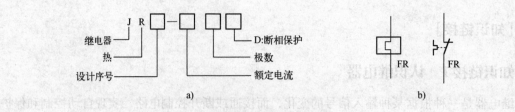

图 2-20　热继电器的型号含义与电路符号

a) 型号含义　b) 电路符号

2. 压力继电器

（1）压力继电器的作用

压力继电器是利用液体的压力来起闭电气触点的液压电气转换元件。当系统压力达到压力继电器的调定值时，发出电信号，使电气元件（如电磁铁、电机、时间继电器、电磁离合器等）动作，使系统卸压、换向，执行元件实现顺序动作，或关闭电动机使系统停止工作，起安全保护作用等。常应用于机床的气压、水压和油压等系统中的保护。

（2）压力继电器的结构和工作原理

压力继电器有柱塞式、膜片式、弹簧管式和波纹管式四种结构形式。下面介绍柱塞式压力继电器（见图 2-21）的工作原理。

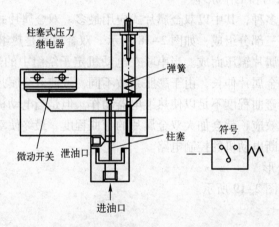

图 2-21　柱塞式压力继电器及符号

当从继电器下端进油口进入的液体压力达到调定压力值时，推动柱塞上移，此位移通过杠杆放大后推动微动开关动作。若管路中的压力低于动作压力，杠杆脱离微动开关，微动开关复位。压力继电器的调整非常方便，只要改变弹簧的压缩量，就可以调节继电器的动作压力。压力继电器必须放在压力有明显变化的地方才能输出电信号。若将压力继电器放在回油路上，由于回油路直接接回油箱，压力也没有变化，所以压力继电器也不会工作。

以 JCS 系列型号为例，了解压力继电器的使用范围，见表 2-10。

表 2-10　JCS 系列压力继电器使用范围

型　　号	使用压力	最大压力
JCS - 02H	$50 \sim 350 \ kg/cm^2$	$410 \ kg/cm^2$

型　　号	使 用 压 力	最 大 压 力
JCS – 02N	30 ~ 210 kg/cm²	210 kg/cm²
JCS – 02NL	15 ~ 60 kg/cm²	210 kg/cm²
JCS – 02NLL	5 ~ 60 kg/cm²	210 kg/cm²

3. 时间继电器

（1）时间继电器的用途和符号

时间继电器是一种按照时间顺序进行控制的继电器。其从得到输入信号（线圈通电或断电）起，经过一段时间的延时后，才输出信号（触点的闭合或断开），广泛用于电气控制系统中。常见的种类有电动式和晶体管式、数字显示式、空气阻尼式，如图 2-22 所示。

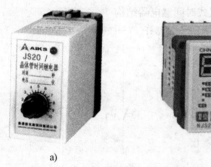

图 2-22　时间继电器
a）晶体管式　b）数字显示式　c）空气阻尼式

（2）时间继电器的结构与工作原理

电动式时间继电器的原理与钟表类似，它是由内部电动机带动减速齿轮转动而获得延时的。这种继电器延时精度高，延时范围宽（0.4 ~ 72 h），但结构比较复杂，价格很贵。

晶体管式时间继电器又称为电子式时间继电器，它是利用延时电路来进行延时的。这种继电器精度高，体积小。

电磁式时间继电器延时时间短（0.3 ~ 1.6 s），但它结构比较简单，通常用在断电延时场合和直流电路中。

空气阻尼式时间继电器又称为气囊式时间继电器，它是根据空气压缩产生的阻力来进行延时的，其结构简单，价格便宜，延时范围大（0.4 ~ 180 s），但延时精确度低。JS7 系列空气阻尼式时间继电器主要由电磁系统、触点系统、空气室、传动机构和基座等组成，如图 2-23 所示。

（3）时间继电器的符号与型号

时间继电器的符号如图 2-24 所示。时间继电器的型号及含义如图 2-25 所示。

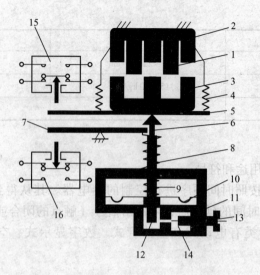

图 2-23　JS7 系列空气阻尼式时间继电器结构

1—线圈　2—铁心　3—衔铁　4—反力弹簧　5—推板　6—活塞杆　7—杠杆　8—塔型弹簧

9—弱弹簧　10—橡皮膜　11—空气室壁　12—活塞　13—调节螺杆　14—进气孔　15、16—微动开关

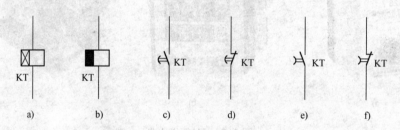

图 2-24　时间继电器图形符号

a) 通电延时线圈　b) 断电延时线圈　c)、d) 通电延时触点　e)、f) 断电延时触点

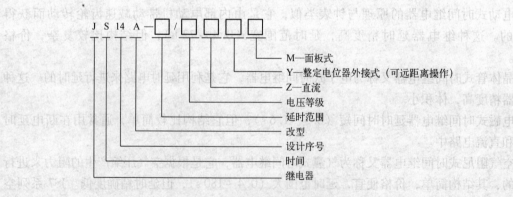

图 2-25　时间继电器的型号及含义

知识链接2　星-三角（Y-△）减压起动原理

减压起动是指利用起动设备将电源电压适当降低后加到电动机的定子绕组上进行起动，待电动机转速提高后，再使其电压恢复到额定值从而正常运行。

减压起动虽然能够起到降低电动机起动电流的目的，但同时也会导致电动机起动转矩减小很多，故减压起动一般适用于电动机空载或者轻载起动。常见的减压起动方式有定子绕组串电阻（电抗）减压起动、自耦变压器减压起动和Y－△减压起动。

　　三相异步电动机的联结方式有两种：星形联结（Y）和三角形联结（△）（如图2-26）。三相负载可以Y联结，也可以△联结，其联结方式可根据负载的额定电压（相电压）与电源电压（线电压）的数值而定，使每相负载所承受的电压等于额定电压。

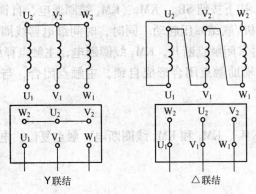

图2-26　电动机的Y/△联结

　　对于接在电源电压为380 V的三相负载来说，当Y联结时，每相负载承受的电压是220 V；当△联结时，每相负载承受的电压是380 V。此时，起动电流为直接采用△联结时的$1/\sqrt{3}$，当电动机转速稳定时，切换为△联结。

1. 电气原理图

　　常见三相笼型异步电动机时间继电器控制的Y－△减压起动控制电路如图2-27所示。

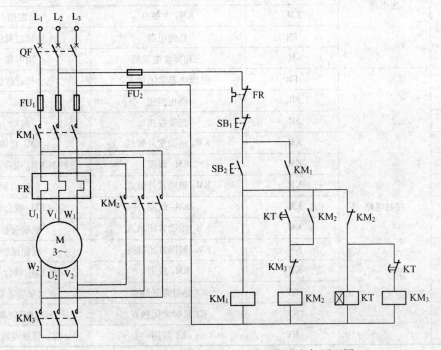

图2-27　三相异步电动机Y－△减压起动电气原理图

图中主电路由交流接触器 KM_1、KM_2、KM_3 主触点的通断配合，分别将电动机定子绕组接成Y和△。当 KM_1 和 KM_3 线圈通电时，其主触点闭合，电动机为Y联结；当 KM_1 和 KM_2 线圈通电时，其主触点闭合，电动机为△联结。两种接线方式的切换由控制电路中的时间继电器定时自动完成。

2. 操作过程和工作原理

（1）起动

闭合低压断路器 QF，按下按钮 SB_2，KM_1、KM_3 线圈通电，自锁触点闭合形成自锁，主触点闭合，三相异步电动机Y联结减压起动。同时，时间继电器线圈通电，延时触点开始延时。延时时间到，KT 延时常闭触点断开，KM_3 线圈断电，主触点释放；KT 延时常开触点闭合，KM_2 线圈通电，常开辅助触点闭合形成自锁，主触点闭合，与 KM_1 一起形成△联结，电动机正常运行。

（2）停止

按下停止按钮 SB_1，KM_1、KM_2 和 KM_3 线圈断电，触点复位，电动机停止运行。

[任务实施]

1. 元器件选（见表 2-11）

表 2-11　时间继电器自动控制的Y-△减压起动控制电路元器件明细表

序　号	电　路	元件符号	元件名称	功　能
1		QF	低压断路器	电源引入
2		KM_1	KM_1 主触点	主电路电源引入
3	主电路	KM_2	KM_2 主触点	△联结
4		KM_3	KM_3 主触点	Y联结
5		FR	热继电器	电动机过载保护
6		M	三相异步电动机	用电器
7		FR	热继电器常闭触点	电动机过载保护
8		SB_1	停止按钮	停车
9		SB_2	起动按钮	起动
10		KM_1	KM_1 辅助常开触点	KM_1 自锁
11		KM_1	KM_1 线圈	控制 KM_1 吸合与释放
12		KM_2	KM_2 辅助常开触点	KM_2 自锁
13	控制电路	KM_2	KM_2 线圈	控制 KM_2 吸合与释放
14		KM_2	KM_2 辅助常闭触点	联锁保护
15		KM_3	KM_3 辅助常闭触点	联锁保护
16		KM_3	KM_3 线圈	控制 KM_3 吸合与释放
17		KT	KT 延时常开触点	延时闭合△联结
18		KT	KT 延时常闭触点	延时断开Y联结
19		KT	KT 线圈	计时，使触点延时动作

2. 元器件检测

首先进行外观检查，查看元器件的额定电流是否符合标准；看外表是否破损；看接线座是否完整，有无垫片；看触点动作是否灵活，有无卡阻；看触点结构是否完整，有无垫片。

接下来进行万用表检测，万用表检测时间继电器方法见表2-12。

表 2-12　万用表检测

名　称	代　号	检测步骤及结果
时间继电器	KT	万用表打至 $R \times 1\Omega$ 档，测量动断（动合）触点，正常阻值为 0Ω（∞），手动按下按钮，阻值变为∞（0Ω）。
		检测结果：

3. 安装元器件

检测好元器件后，将元器件固定在实训安装板的卡轨上，如图2-28所示。注意保证各个元器件的安装位置间距合理、均匀，元器件安装要平稳且注意安装方向。

图 2-28　元器件安装示意图

4. 检修线路与故障排除

（1）安装线路

元器件安装好后根据电气原理图进行布线，总体要求：导线出入进行线槽、横平竖直、转角直角、长线沉底、走线成束、同面不交叉、可靠、美观。

按电路图从电源端开始，逐段核对有无漏接、错接之处，检查导线接头是否符合要求，压接是否牢固，以免运行时发生闪弧现象。

（2）万用表检查

用万用表电阻档检查电路接线情况。检查时，应选择倍率适当的电阻档，并调零。

1）控制电路线路检查

断开主电路，将万用表两表笔分别搭在控制电路两端点，万用表读数应为∞；

① Y起动控制检查

按下起动按钮 SB_2，万用表读数应为 KM_1、KM_3、KT 线圈的电阻并联值；

② KM_1 自锁检查

按下 KM_1 触点，万用表读数应为 KM_1、KM_3、KT 线圈的电阻并联值；

③ KM_2 自锁检查

按下 SB_2，同时按下 KM_2 触点，万用表读数应为 KM_1、KM_2 线圈的电阻并联值；

④ 联锁检查

同时按下 KM_1、KM_2、KM_3 触点，万用表读数应为 KM_1 线圈的电阻值；

⑤ △运行检查

同时按下 KM_1、KM_2 触点，万用表读数应为 KM_1、KM_2 线圈的电阻并联值；

⑥ 停车控制检查

按下起动按钮 SB_2 或按下 KM_1 触点，万用表读数应为 KM_1、KM_3、KT 线圈的电阻并联值，此时按下停止按钮 SB_1，万用表读数应变为∞。

2）主电路线路检查

断开控制电路，按下接触器触点，利用万用表依次检查 U、V、W 三相接线有无开路或者短路情况。

5. 通电试车

电路检测完毕，盖好行线槽盖板，进行通电试车。为确保人身安全，在通电试车时，要认真执行安全操作规程的有关规定，经教师检查并现场监护。

（1）一人操作，同时提醒组内成员及周围同学注意安全；

（2）调整热继电器 FR 整定电流；

（3）调整时间继电器 KT 整定时间；

（4）通电操作过程：合上实验台上 QF，接通三相电源→合上实训安装板上 QF，电路接通三相电源→按下启动按钮 SB_2，电动机丫联结减压起动，延时时间到，电动机△联结正常运行→按下停止按钮 SB_1，电动机停转→断开实训安装板上 QF，切断安装电路的三相电源→断开实验台上 QF，切断三相电源。

6. 故障分析与排除

（1）通电试验法观察故障现象。观察电动机、各元件及线路工作是否正常，若发现异常现象，应立即断电检查。

（2）用逻辑分析法缩小故障范围，并在电路图上标出。

（3）通过测量法，利用万用表正确、迅速地找出故障点。

（4）正确排除故障。

（5）故障排除后，再次通电试车。

[任务评价]

对整个任务的完成情况进行综合评价和考核，具体评价规则见表 2-13 的任务记录评价表。

表 2-13　任务记录评价表

任务名称＿＿＿＿＿＿＿＿＿＿＿＿＿＿＿＿＿＿＿＿＿＿＿＿＿＿＿　评价日期＿＿＿＿＿年＿＿月＿＿日

第＿＿组　第一负责人＿＿＿＿＿＿　参与人＿＿＿＿＿＿＿＿＿＿＿＿＿＿＿＿＿＿＿＿＿＿＿

评价内容	评分标准	扣分情况	配分100 分	得分
电气原理图	原理图绘制错误，一处扣 1 分；电路工作原理描述不清，一处扣 1 分		10	
元器件检测	元器件选错或漏选，一处扣 1 分；元器件未检测或方法错误，一处扣 2 分，扣完为止		10	
线路敷设	不按电路图接线，一处扣 5 分；主电路接线错误，一处扣 3 分；控制电路接线错误，一处扣 2 分；布线不合理（每个接点线数不超过 3 个，沿线槽布线），一处扣 2 分；有意损坏导线绝缘或线芯，一处扣 1 分；接线有压胶、反圈、露铜每一处扣 2 分		50	
线路检查	仪表、工具使用不合适每次扣 2 分；排查顺序不合理扣 2 分；不能找到故障点并排除扣 5 分		10	

52

第＿＿组　第一负责人＿＿＿＿＿＿　参与人＿＿＿＿＿＿＿＿＿＿＿＿＿＿＿＿＿＿＿＿＿＿＿＿＿＿＿＿＿

评价内容	评分标准	扣分情况	配分 100 分	得分
通电试车	操作工作过程不正确扣 5 分；出现故障不能找到故障点并排除，酌情扣分		10	
安全规范	不能安全用电，出现违规用电；不能安全使用仪表工具，存在安全隐患或不安全行为酌情扣分		5	
文明操作	操作过程不认真，擅自离开工位一次 3 分；考核结束，工具元器件不如数上交，工位收拾不干净，酌情扣分		5	

任务 2.4　安装电动机制动控制电路

［任务引入］

在实际生产中，当电动机断开电源后，由于惯性不能马上停止转动，需要继续运转一段时间才能完全停下来，这种情况对于很多生产机械是不合适的。例如 20/5T 桥式起重机的主钩、副钩、大车、小车；T68 型卧式镗床的主轴电动机。可见，满足生产机械的这种准确定位或者停车的控制要求就需要对电动机进行制动。

设计一速度继电器 – 接触器控制系统实现反接制动控制，要求具有过载保护、短路保护、欠压保护功能，保证系统可靠、安全运行。

［知识链接］

知识链接 1　反接制动控制原理

进行精细加工的机床在工作过程中，都要求能迅速停车和准确定位，这就要求在系统中对拖动电动机采取制动措施。制动控制方法主要有机械制动和电气制动两大类。机械制动是采用机械装置产生机械力来强迫电动机迅速停车；电气制动是使电动机产生的电磁转矩方向与电动机旋转方向相反，阻碍电动机的惯性运动，使电动机迅速停止转动，从而起制动作用。

电气制动有反接制动、能耗制动、再生制动等。

1. 速度继电器的作用

速度继电器又称反接制动继电器，如图 2–29 所示。能够反映电动机的转速与转向，主要用于电动机速度的检测。用以将机械位移信号转换成电信号。在电机转速接近某一固定值时，立即发出信号，改变开关状态，控制其他继电器。

速度继电器主要作用有：

（1）检测——检测电动机的转速。

图 2–29　速度继电器外形

（2）控制——发出信号、加工完成信号，以控制交流接触器的工作状态，即按一定功能起动、停止。

2. 速度继电器的动作原理

如图2-30所示，速度继电器的转子是一个永久磁铁，与电动机或机械轴连接，随着电动机旋转而旋转。定子与笼型转子相似，内有短路条，它也能围绕着转轴转动。当转子随电动机转动时，它的磁场与定子短路条相切割，产生感应电势及感应电流，这与电动机的工作原理相同，故定子随着转子转动而转动起来。定子转动时带动杠杆，杠杆推动触点，使之闭合与分断。当电动机旋转方向改变时，继电器的转子与定子的转向也改变，这时定子就可以触动另外一组触点，使之分断与闭合。当电动机停止时，继电器的触点即恢复原来的静止状态。多数速度继电器的动作转速不低于300 r/min，复位转速约在100 r/min。

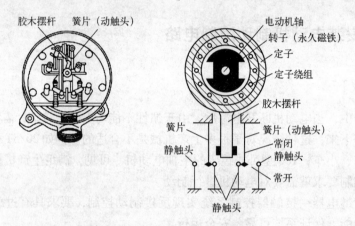

图2-30　速度继电器的原理图

3. 速度继电器的类型与结构

速度继电器主要由转子、定子及触头三部分组成，如图2-31所示。

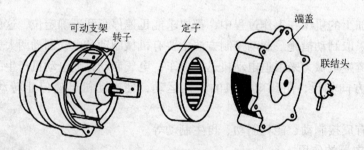

图2-31　常见速度继电器的外形与结构

4. 速度继电器的型号与含义

JL系列速度继电器的型号与含义如图2-32所示。

5. 速度继电器的符号

速度继电器用字母KS表示，图形符号如图2-33所示。

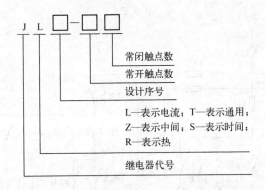

图 2-32　JL 系列速度继电器的型号与含义

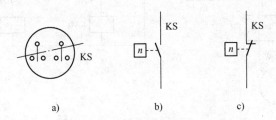

a)　　　　　　　b)　　　　　　　c)

图 2-33　速度继电器图形符号

a) 转子　b) 常开触点　c) 常闭触点

知识链接 2　反接制动控制原理

反接制动实质上是在定子上接入与原电源相序相反的三相电源，使定子绕组上产生与转子方向相反的旋转磁场，因而使转子受到相反的转矩，使电动机迅速停车，达到制动目的。

当电动机的转子速度几乎为零时，断开反接的交流接触器，完成反接制动的过程。在电动机反接制动过程中，转子正转，旋转磁场反转，转子与旋转磁场的相对速度接近两倍的同步转速，所以定子绕组中流过的反接制动电流相当于全压起动电流的两倍，因此制动转矩大，制动迅速，但冲击大。为防止绕组过热，减小冲击电流，通常在三相异步电动机定子电路中串入反接制动电阻，如图 2-34 所示。

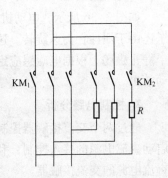

图 2-34　反接制动原理

控制电路如图 2-35 所示，通过按钮控制接触器线圈得电，继而控制主电路中的主触点闭合实现正转或反转。由速度继电器检测电动机的转速，当转子的转速低于 100 r/min 的时候，速度继电器发生动作，常开触点复位断开，切断 KM₂ 线圈。控制电路的另一个作用是在电动机过载时，通过热继电器的辅助动断触点断开控制电路，使接触器线圈失电，继而断开主电路中的接触器的主触点，使电动机停转。

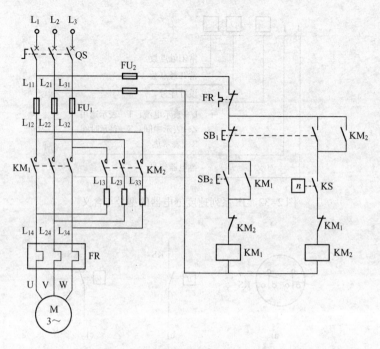

图 2-35　镗床反接制动控制系统电气原理图

知识链接3　能耗制动控制原理

能耗制动比反接制动所消耗的能量小，其制动电流比反接制动时要小得多，而且制动过程平稳，无冲击，但能耗制动需要专用的直流电源。通常此种制动方法适用于电动机容量较大、要求制动平稳与制动频繁的场合。如电梯、电动机车等。

1. 主电路分析

如图 2-36 所示，电动机在停止时，定子绕组上虽然没有电源，旋转磁场消失，但是转子还由于惯性在高速旋转。这时，在定子的任意两相上加上一个直流电源，在定子上产生一个静止磁场。根据电磁感应定律，在转子上产生反向力矩，阻碍电动机转子的转动，达到制动效果。

2. 控制电路分析

通过两个交流接触器控制电动机的正常运转和接入直流电源，利用停止按钮的常开触点启动直流电源的接入控制，利用时间继电器控制直流电源的接入时间，计时结束，切断控制直流电源的交流接触器。

3. 电路工作原理

如图 2-36 所示，电路由断路器 QF，交流接触器 KM_1、KM_2，热继电器 FR，起动按钮 SB_2，停机能耗制动按钮 SB_1，变压器 T，整流桥 VC，制动电阻 RP，时间继电器 KT 及电动机 M 组成。

工作过程：

合上 QF→按下启动按钮 SB_2，电动机 M 转动。

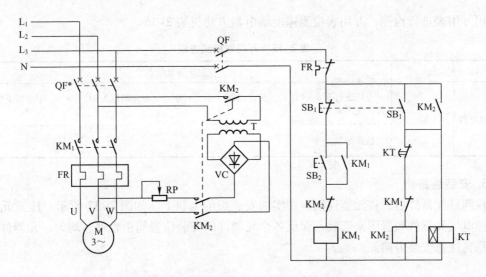

图 2-36　能耗制动控制系统电气原理图

制动过程：

按下停止按钮 SB_1 → KM_1 线圈失电 → 电动机 M 失电由于惯性持续转动 → SB_1 常开触点闭合，KM_2/KT 线圈得电 → 整流桥得电，直流电加在电动机 VW 相上 → 产生静止磁场 → 电动机 M 迅速停车 → KT 计时结束 → KT 常闭触点断开 → KM_2 线圈失电 → 整流桥失电 → 能耗制动结束。

[任务实施]

1. 元器件选型

本项目所需元器件清单列于表 2-14，其中型号和规格依据实际选用的型号和规格自行填写。

表 2-14　元器件明细表

名称	符号	型号	规格	数量	作用
低压断路器					
交流接触器					
热继电器					
按钮					
电阻					
速度继电器					
三相异步电动机					

2. 元器件检查

首先进行外观检查，查看元器件的额定电流是否符合标准；看外表是否破损；看接线座是否完整，有无垫片；看触点动作是否灵活，有无卡阻；看触点结构是否完整，有无垫片。

然后用万用表进行检测，万用表检测速度继电器方法见表2-15。

表2-15　万用表检测方法

名　　称	代　号	检测步骤及结果
速度继电器	KS	万用表打至 $R \times 1\,\Omega$ 档，测量动断（动合）触点，正常阻值为 $0\,\Omega$（∞），手动按下按钮，阻值变为∞（$0\,\Omega$）
		检测结果：

3. 安装线路

检测好元器件后，将元器件固定在实训安装板的卡轨上，如图2-37所示。注意元器件要按照电气元器件布置图来安装，保证各个元器件的安装位置间距合理、均匀，元器件安装要平稳且注意安装方向。

图2-37　元器件安装示意图

元器件安装好后根据电气原理图进行布线，总体要求：导线通过线槽出入、横平竖直、转角直角、长线沉底、走线成束、同面不交叉、可靠、美观。

4. 检修线路与故障排除

（1）检查布线：按照电路图上从左到右的顺序检查是否存在掉线、错线，是否存在漏编、错编线号，是否存在接线不牢固。

（2）使用万用表检查：使用万用表电阻档位按照电路图检查是否有错线、掉线、错位、短路等。检测过程见表2-16。

表2-16　万用表检测电路过程

测量任务	测量过程			正确阻值	测量结果
	测量数据	工序	操作方法		
测量主电路	接上电动机，分别测量 QF 出线端处任意两相之间的阻值	1	所有器件不动作	∞	
		2	手动 KM₁	电动机 M 两相定子绕组阻值之和	
		3	手动 KM₂	电动机 M 两相定子绕组阻值之和	
		4	手动 FR	阻值变为∞	

测量任务	测量过程			正确阻值	测量结果
	测量数据	工序	操作方法		
测量控制电路	断开电动机，测量控制电路引至 QF 任选两相出线端处的阻值	5	所有器件不动作	∞	
		6	按下起动按钮不动	接触器线圈阻值，约为 $1 k\Omega \sim 2 k\Omega$	
		7	接续工序6，再按下停止按钮	阻值变为∞	
		8	接续工序6，再按下后退停止按钮	阻值变为∞	
	断开 KM_1 线圈出线端的导线，测量停止按钮出线端和 KM_1 线圈出线端之间阻值	9	所有器件不动作	∞	
		10	手动 KM_1	接触器线圈阻值，约为 $1 k\Omega \sim 2 k\Omega$	
		11	接续工序10，手动 KM_2	∞	
		12	手动 KM_2	接触器线圈阻值，约为 $1 k\Omega \sim 2 k\Omega$	
	断开 KM_2 线圈出线端的导线，测量速度继电器出线端和 KM_2 线圈出线端之间阻值	13	所有器件不动作	接触器线圈阻值，约为 $1 k\Omega \sim 2 k\Omega$	
		14	手动 KM_2	接触器线圈阻值，约为 $1 k\Omega \sim 2 k\Omega$	
		15	接续工序10，手动 KM_1	∞	
	停止按钮出线端和速度继电器进线端之间阻值	16	所有器件不动作	∞	
		17	手动停止按钮 SB_1	阻值约为 0Ω	
		18	手动 KM_2	阻值约为 0Ω	

以上检测方法仅供参考，使用万用表检测电路方法不唯一，可自行采用其他方法。

5. 通电试车

电路检测完毕，盖好线槽盖板，准备通电试车。严格按照以下步骤进行通电试车：

一人操作，同时提醒组内成员及周围同学注意，要通电了。

通电操作过程：合上实验台上 QF，接通三相电源→合上实训安装板上 QF，安装电路接通三相电源→按下起动按钮 SB2→电动机连续正转→按下停止按钮 SB1→SB1 常闭触点断开，KM1 线圈失电→KM1 主触点断开→电动机断开正向旋转三相交流电源，由于惯性继续正转→SB1 常开触点闭合→KM2 线圈得电→KM2 主触点闭合→电动机接入经过电阻 R 分压的反向旋转电压→电动机受到反向旋转力矩→电动机迅速停止正向转动→速度继电器常开触点复位断开→KM2 线圈失电→KM2 主触点断开，切断反向旋转三相电源→制动结束→断开实训安装板上 QF，切断安装电路的三相电源→断开实验台上 QF，切断三相电源。

6. 故障分析与排除

（1）通电观察故障现象，停电检修，并验电，确保设备及线路不带电。

（2）挂"禁止合闸、有人工作"警示牌，

（3）按照电气线路检查方法进行检查，一人检修，一人监护。

（4）执行"谁停电谁送电"制度。

[任务评价]

对整个任务的完成情况进行综合评价和考核，具体评价规则见表 2-17 的任务记录评价表。

表 2-17　任务记录评价表

任务名称＿＿＿＿＿＿＿＿＿＿＿＿＿＿＿＿＿＿＿＿＿＿＿＿评价日期＿＿＿＿＿＿年＿＿＿月＿＿＿日

第＿＿＿组　第一负责人＿＿＿＿＿＿＿＿　参与人＿＿＿＿＿＿＿＿＿＿＿＿＿＿＿＿＿＿＿＿＿

评价内容	评分标准	扣分情况	配分100 分	得分
电气原理图	原理图绘制错误，一处扣 1 分；电路工作原理描述不清，一处扣 1 分		10	
元器件检测	元器件选错或漏选，一处扣 1 分；元器件未检测或方法错误，一处扣 2 分，扣完为止		10	
线路敷设	不按电路图接线，一处扣 5 分；主电路接线错误，一处扣 3 分；控制电路接线错误，一处扣 2 分；布线不合理（每个接点线数不超过 3 个，沿线槽布线），一处扣 2 分；有意损坏导线绝缘或线芯，一处扣 1 分；接线有压胶、反圈、露铜每一处扣 2 分		50	
线路检查	仪表、工具使用不合适每次扣 2 分；排查顺序不合理扣 2 分；不能找到故障点排除扣 5 分		10	
通电试车	操作工作过程不正确扣 5 分；出现故障不能找到故障点并排除，酌情扣分		10	
安全规范	不能安全用电，出现违规用电；不能安全使用仪表工具，存在安全隐患或不安全行为酌情扣分		5	
文明操作	操作过程不认真，擅自离开工位一次 3 分；考核结束，工具元器件不如数上交，工位收拾不干净，酌情扣分		5	

任务 2.5　安装两台电动机顺序起动控制电路

[任务引入]

对于工厂里安装有多台电动机的生产机械来说，各个电动机所起作用不同，在实施控制时往往需要按照一定的顺序起动或停止，才能保证生产机械操作过程的合理性和安全可靠性。有些机器设备需要先起动辅机，再起动主机。而停机时相反，应先停止主机，再停止辅机。像有些车床先起动油压机，后起动主电动机。让多台电动机按事先约定的步骤依次工作，称为顺序控制，在实际生产中有着广泛的应用。本部分重点学习两台电动机的顺序控制，即按一定的顺序起动或按一定的顺序停止。

[知识链接]

知识链接　顺序起动控制原理

1. 顺序起动，同时停止

如图 2-38 所示电路是同时进行顺序起动和同时停止的控制电路。

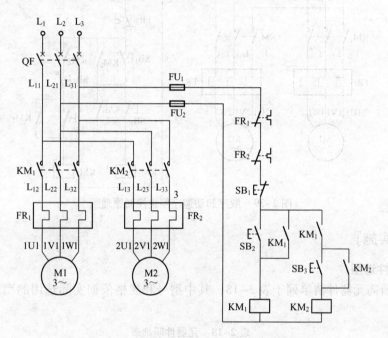

图 2-38　顺序起动同时停止控制原理图

顺序起动过程中，由于 KM_1 常开触点和 KM_2 线圈串接，所以起动时必须先按下起动按钮 SB_2，使 KM_1 线圈通电，M_1 先起动运行后，再按下起动按钮 SB_3，M_2 方可起动运行，M_1 不起动 M_2 就不能起动，也就是说按下 M_1 的起动按钮 SB_2 之前，先按 M_2 的起动按钮 SB_3 将无效。

同时停止过程，按下停止按钮 SB_1，使 KM_1、KM_2 线圈同时断电，M_1、M_2 同时停车。

2. 顺序起动，逆序停止

如图 2-39 所示电路是同时进行顺序起动和逆序停止的控制电路。

顺序起动过程中，由于 KM_1 常开触点和 KM_2 线圈串接，所以起动时必须先按下起动按钮 SB_2，使 KM_1 线圈通电，M_1 先起动运行后，再按下起动按钮 SB4，M_2 方可起动运行，M_1 不起动 M_2 就不能起动，也就是说按下 M_1 的起动按钮 SB_2 之前，先按 M_2 的起动按钮 SB_4 将无效。

逆序停止过程中，由于 KM_2 的常开触点与停止按钮 SB_1 并接，所以停车时必须先按下 SB_3，使 KM_2 线圈断电，将 M_2 停下来以后，再按下 SB_1，才能使 KM_1 线圈失电，继而使 M_1 停车，M_1 不停止 M_2 就不能停止，也就是说按下 M_2 的停止按钮 SB_3 之前，先按 M_1 的停止按钮 SB_1 将无效。

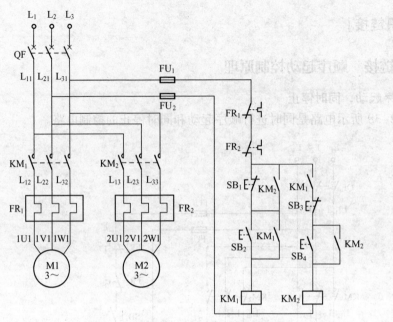

图 2-39　顺序起动逆序停止控制原理图

[任务实施]

1. 元器件选型

本任务所需元器件清单列于表 2-18，其中型号和规格依据实际选用的型号和规格自行填写。

表 2-18　元器件明细表

名称	符号	型号	规格	数量	作用
低压断路器					
交流接触器					
热继电器					
按钮					
三相异步电动机					

2. 元器件检查

首先进行外观检查，查看元器件的额定电流是否符合标准；看外表是否破损；看接线座是否完整，有无垫片；看触点动作是否灵活，有无卡阻；看触点结构是否完整，有无垫片。然后进行万用表检测。

3. 安装线路

检测好元器件后，将元器件固定在实训安装板的卡轨上，如图 2-40 所示。注意元器件要按照电气元件布置图来安装，保证各个元器件的安装位置间距合理、均匀，元器件安装要平稳且注意安装方向。

元器件安装好后根据电气原理图进行布线，总体要求：导线出入进行线槽、横平竖直、转角直角、长线沉底、走线成束、同面不交叉、可靠、美观。

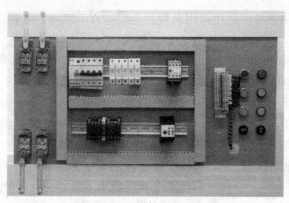

图 2-40 元器件安装示意图

4. 检修线路与故障排除

线路连接后，必须进行检查。

（1）检查布线：按照电路图上从左到右的顺序检查是否存在掉线、错线，是否存在漏编、错编线号，是否存在接线不牢固。

（2）使用万用表检查：使用万用表电阻档位按照电路图检查是否有错线、掉线、错位、短路等。检测过程见表 2-19。

表 2-19　万用表检测电路过程（档位：$R \times 100 \, \Omega$）

测量任务	测量过程			正确阻值	测量结果
	测量数据	工序	操作方法		
测量主电路	接上电动机，分别测量 QF 出线端处任意两相之间的阻值	1	所有器件不动作	∞	
		2	手动 KM	电动机 M 两相定子绕组阻值之和	
		3	手动 FR	阻值变为 ∞	
	分别测量 QF 出线端至电动机定子绕组首端各相阻值	4	手动 KM	$L_1 - U$ 间、$L_2 - V$ 间、$L_3 - W$ 间阻值均为 $0\,\Omega$	
测量控制电路	断开电动机，测量控制电路引至 QF 任选两相出线端处的阻值	5	所有器件不动作	∞	
		6	按下起动按钮 SB₂ 不动	接触器线圈阻值，约为 $1\,\mathrm{k}\Omega \sim 2\,\mathrm{k}\Omega$	
		7	接续工序 6，再按下停止按钮	阻值变为 ∞	
		8	按下起动按钮 SB₄	阻值为 ∞	
		9	按下 KM₁，同时按下 SB₄	接触器线圈阻值，约为 $1\,\mathrm{k}\Omega \sim 2\,\mathrm{k}\Omega$	
		10	接续工序 9，按下停止按钮 SB₃	阻值变为 ∞	
		11	接续工序 6，再按下热继电器	阻值变为 ∞	
	测量 KM 自锁	12	按下起动按钮	接触器常开触点两端阻值，为 $0\,\Omega$	
	测量逆序停止	13	按下停止按钮 SB₁	接触器常开触点两端阻值由 ∞ 变为 $0\,\Omega$	

以上检测方法仅供参考，使用万用表检测电路过程不唯一，可自行采用其他检测过程。

5. 通电试车

电路检测完毕，盖好线槽盖板，准备通电试车。严格按照以下步骤进行通电试车：

（1）一人操作，同时提醒组内成员及周围同学：注意要通电了！

（2）通电操作过程：合上实验台上 QF，接通三相电源→合上实训安装板上 QF，安装电路接通三相电源→按下起动按钮 SB_4→电动机 M_2 没有反应→按下起动按钮 SB_2→电动机 M_1 连续正转→按下起动按钮 SB_4→电动机 M_2 正转→按下停止按钮 SB_1，电动机 M_1 仍然转动→按下停止按钮 SB_3，电动机 M_2 停转→按下停止按钮 SB_1→电动机 M_1 停止转动→断开实训安装板上 QF，切断安装电路的三相电源→断开实验台上 QF，切断三相电源。

6. 故障分析与排除

（1）通电观察故障现象，停电检修，并验电，确保设备及线路不带电。

（2）挂"禁止合闸、有人工作"警示牌。

（3）按照电气线路检查方法进行检查，一人检修，一人监护。具体方法参见表 2-19 部分内容。

（4）执行"谁停电谁送电"制度。

[任务评价]

对整个任务的完成情况进行综合评价和考核，具体评价规则见表 2-20 的任务记录评价表。

表 2-20　任务记录评价表

任务名称＿＿＿＿＿＿＿＿＿＿＿＿＿＿＿＿＿＿＿＿＿＿＿＿＿＿＿＿＿＿＿＿　评价日期＿＿＿＿＿年＿＿月＿＿日

第＿＿＿组　第一负责人＿＿＿＿＿＿＿＿＿　参与人＿＿＿＿＿＿＿＿＿＿＿＿＿＿＿＿＿＿＿＿＿＿＿＿＿＿＿＿＿

评价内容	评分标准	扣分情况（满分100分）	配分100分	得分
电气原理图	原理图绘制错误，一处扣1分；电路工作原理描述不清，一处扣1分		10	
元器件检测	元器件选错或漏选，一处扣1分；元器件未检测或方法错误，一处扣2分，扣完为止		10	
线路敷设	不按电路图接线，一处扣5分；主电路接线错误，一处扣3分；控制电路接线错误，一处扣2分；布线不合理（每个接点线数不超过3个，沿线槽布线），一处扣2分；有意损坏导线绝缘或线芯，一处扣1分；接线有压胶、反圈、露铜每一处扣2分		50	
线路检查	仪表、工具使用不合适每次扣2分；排查顺序不合理扣2分；不能找到故障点排除扣5分		10	
通电试车	操作工作过程不正确扣5分；出现故障不能找到故障点并排除，酌情扣分		10	
安全规范	不能安全用电，出现违规用电；不能安全使用仪表工具，存在安全隐患或不安全行为酌情扣分		5	
文明操作	操作过程不认真，擅自离开工位一次3分；考核结束，工具元器件不如数上交，工位收拾不干净，酌情扣分		5	

项目评价与考核

所有任务完成后，项目结束，要对整个项目的完成情况进行综合评价和考核，具体评价规则见表 2-21 的项目验收单。

表 2-21　项目验收单

项目名称			姓名		综合评价		
第一负责人：			参与人：				
考核项目	考核内容	评分标准	评价结果				
			自评	互评	师评	等级	
知识与技能 （50分）	能准确回答工作任务书中的问题，完成任务实施记录单。	A：全部合格； B：有1~2处任务漏填、错填； C：3~4处错填、漏填； D：4处以上错填					
	能正确使用电工工具和检测仪表，选用元器件	A：所有工具元件选用正确； B：选错1个； C：选错2个； D：选错3个及以上					
	能按照元器件布置图纸要求进行施工，元器件、线槽、接线端子位置安装准确	A：元器件按照布局图安装，布局美观合理，牢固可靠； B：1~2处不合格； C：3~4处不合格； D：4处以上不合格					
	能按照综合布线工艺及电气原理图要求进行连线	A：导线连接正确，布线美观可靠，导线入线槽； B：1~2处错误； C：3~4处错误； D：5处以上错误					
	能检测电路，实现电动机控制功能。出现故障时能够检查并排除故障	A：1次通电成功，实现功能； B：1次一处不成功，2次实现； C：1次两处不成功，2次实现； D：跳闸，或2次未实现功能					
过程与方法 （30分）	能够消化、吸收理论知识，能查阅相关工具书	A：完全胜任； B：良好完成； C：基本做到； D：严重缺乏或无法履行					
	能利用网络、信息化资源进行自主学习						
	能够在实操过程中发现问题并解决问题						
	能与老师进行交流，提出关键问题，有效互动，能与同学良好沟通，小组协作						
	能按操作规范进行检测与调试，任务时间安排合理						

| 项目名称 | | | 姓名 | | 综合评价 | | | |

第一负责人：　　　　　　　　　参与人：

考核项目	考核内容	评分标准	评价结果			
			自评	互评	师评	等级
态度与情感 （20分）	工作态度端正，认真参与，有爱岗敬业的职业精神	A：态度认真，积极主动，热爱岗位，勇于担当； B：具备以上两项； C：具备以上一项； D：以上都不具备				
	安全操作，注意用电安全，无损伤损坏元器件及设备，并提醒他人	A：安全意识强，能协助他人； B：规范操作，无损坏设备现象； C：操作不当，无意损坏； D：严重违规操作或恶意损坏				
	具有集体荣誉感和团队意识，具有创新精神	A：存在团队合作好、质量过关、速度快或其他突出之处； B：具备以上两项； C：具备以上一项； D：以上都不具备				
	文明生产，执行7S管理标准（整理、整顿、清扫、清洁、素养、安全和节约）	A：以上全部具备； B：具备以上六项； C：具备以上五项； D：具备四项及以下				
说明	1. 综合评价说明： 8个及8个以上A（A级不得含有D级评价，否则降为B），综合等级评为A； 8个及8个以上B，综合等级评为B；8个及8个以上C，综合等级评为C； 6个及6个以上D，综合等级评为D。 2. 个别组员未能全部参加项目，不得评A，最高可评至B级。 3. 项目完成过程中有特殊贡献或重大改进的地方，可以适当加分					

项目自测题

一、填空题

1. 常用的低压电器是指工作电压在交流_____V以下、直流_____V以下的电器。

2. 低压断路器的型号为DZ10－100，其额定电流是_____。

3. Y→△减压起动电路中，Y联结起动电压为△联结电压的_____，Y联结起动转矩为△联结起动转矩的_____。

4. 在机床电气控制电路中采用两地分别控制方式，其控制按钮连接的规律是_____。

5. 绕线型异步电动机的转子上绕有和定子一样的绕组，经过_____连接。可以通过转子上的滑环外接_____来改变转子回路电阻，从而达到减小_____、增大_____及调节转速的目的。

6. 工作台自动往返控制电路为防止电动机三相电源的相间短路事故，控制电路采用典型的_____正/反转电路的控制电路。

7. 制动控制方法主要有_____和_____两大类。

8. 减压起动又称为_____，是指利用起动设备将_____适当降低后加到电动机的_____绕组上进行起动，待电动机转速提高后，再使其电压恢复到额定值从而正常运行。

9. 机床的电气连接时，所有接线应_____、_____。

10. 机械式行程开关常见的有_____和_____两种。

二、选择题

1. 选择低压断路器时，额定电压或额定电流应（ ）电路正常工作时的电压和电流。
   A. 小于　　　　　　　B. 大于　　　　　　　C. 不小于　　　　　　　D. 不大于

2. 交流接触器的作用是（ ）。
   A. 频繁通断主回路　　　　　　　　B. 频繁通断控制回路
   C. 保护主回路　　　　　　　　　　D. 保护控制回路

3. 熔断器的作用是（ ）。
   A. 控制行程　　　B. 控制速度　　　C. 短路或严重过载　　　D. 弱磁保护

4. 低压断路器的型号为 DZ10 - 100，其额定电流是（ ）。
   A. 10 A　　　　　B. 100 A　　　　　C. 10 ~ 100 A　　　　　D. 大于 100 A

5. 通电延时时间继电器的延时触点动作情况是
   A. 线圈通电时触点延时动作，断电时触点瞬时动作
   B. 线圈通电时触点瞬时动作，断电时触点延时动作
   C. 线圈通电时触点不动作，断电时触点瞬时动作
   D. 线圈通电时触点不动作，断电时触点延时动作

6. 三相异步电动机起动时，起动电流很大，可达额定电流的_____。
   A. 2 ~ 2.5 倍　　　B. 5 ~ 7 倍　　　C. 6 ~ 10 倍　　　　D. 10 ~ 20 倍

7. 三相异步电动机反接制动时，采用对称电阻接法，可以限制制动转矩，同时也限制（ ）。
   A. 制动电流　　　B. 起动电流　　　C. 制动电压　　　D. 起动电压

8. 三相异步电动机反接制动的优点是（ ）。
   A. 制动平稳　　　B. 能耗较小　　　C. 制动迅速　　　D. 定位准确

9. 三相异步电动机采用能耗制动时，当切断电源时，将（ ）。
   A. 转子回路串入电阻　　　　　　B. 定子任意两相绕组进行反接
   C. 转子绕组进行反接　　　　　　D. 定子绕组送入直流电

10. 在控制电路中，如果两个常开触点串联，则它们是（ ）。
    A. 与逻辑关系　　B. 或逻辑关系　　C. 非逻辑关系　　D. 与非逻辑关系

三、判断题

1. 位置开关动作原理与按钮相似，不同的是其触点动作不是手动，而是利用生产机械运动部件的碰撞使其触头动作来实现接通或分断控制电路。（ ）

2. 在控制电路中，额定电压相同的线圈允许串联使用。（ ）

3. 时间继电器线圈通电时触点可以延时动作，但线圈断电后，所有触点将失去延时功能。（ ）

4. 三相笼型电动机都可以采用丫→△减压起动。（ ）

5. 电动机采用制动措施的目的是为了迅速停车和安全保护。（ ）

6. 能耗制动在停车平稳的场合，任何电动机都可以应用。（　　）

7. 低压电器是指在交流额定电压 1200 V，直流额定电压 1500 V 及以下的电路中起通断、保护、控制或调节作用的电器。（　　）

8. 主电路是从电源到电动机或线路末端的电路，是强电流通过的电路。（　　）

9. 行程开关可以作电源开关使用。（　　）

10. 电动机正反转控制电路为了保证起动和运行的安全性，要采取电气上的互锁控制。（　　）

四、简答题

1. 电动机"正－反－停"控制电路中，复合按钮已经起到了互锁作用，为什么还要用接触器的常闭触点进行联锁？

2. 控制系统常用的保护环节有哪些？各用什么低压电器实现？

3. 某同学安装好丫－△减压起动控制电路后，发现电动机在丫起动之后不能切换为△运行，请帮他分析出现这种故障的原因。

4. 三相交流电动机反接制动和能耗制动分别适用于什么情况？

五、拓展训练

1. 设计一台电机控制电路，要求：该电机能单向连续运行，并且能实现两地控制。有过载、短路保护。

2. 一台三相异步电动机运行要求为：按下起动按钮，电动机正转，5 s 后，电动机自行反转，再过 10 s，电动机停止，电路具有短路和过载保护，请设计出主电路和控制电路。

3. 设计按一台可以分别进行正、反转起动，且能连续运行的电动机，当停车时，能够进行能耗制动，且由时间继电器 KT 控制能耗制动时间，自动完成制动任务。

项目 3 典型机床控制电路的故障分析与检修

[项目介绍]

机床（英文名称：machine tool）是指制造机器的机器，亦称工作母机或工具机，习惯上简称机床。一般分为金属切削机床、锻压机床和木工机床等。现代机械制造中加工机械零件的方法很多，除切削加工外，还有铸造、锻造、焊接、冲压、挤压等，但凡属精度要求较高和表面粗糙度要求较高的零件，一般都需在机床上用切削的方法进行最终加工。机床在国民经济现代化的建设中起着重大作用。常见的机床类型有车床、镗床、铣床、刨床、磨床、钻床、数控机床、曲轴机床和锻压机床。

[能力目标]

1. 能进行 CA6140 车床的电气控制电路故障检查、分析及排除；
2. 能进行 X62W 铣床的电气控制电路故障检查、分析及排除；
3. 能进行 M7130 平面磨床的电气控制电路故障检查、分析及排除；
4. 能进行 Z3040 摇臂钻床的电气控制电路故障检查、分析及排除。

[达成目标]

根据图纸进行机床检测、调试与故障排除。

任务 3.1 检修 CA6140 车床控制电路故障

[任务引入]

车床是一种使用极其广泛的金属切削机床，主要用于加工外圆柱面、端面、圆锥面，还可以车削螺纹和孔加工。在加工过程中，工件被夹在卡盘上由主轴带动旋转，车刀则被安装在刀架上，由溜板箱带动可以做横向和纵向运动，用以改变车削加工的位置和"吃刀"深度。车床的主要运动是主轴的旋转运动，溜板箱带动刀架的直线运动也称进给运动，辅助运动有溜板箱的快速进给。

[知识链接]

知识链接 1 认识 CA6140 车床结构

1. CA6140 车床的型号含义

C——类型号（车床）

A——改进

6——组代号（落地及卧式车床组）

1——系列号（卧式）

40——主轴参数折算值（最大加工直径 40×10 mm）

2. CA6140 车床的主要结构

CA6140 型普通车床主要由床身、主轴箱、进给箱、溜板箱、刀架、丝杠、光杠、尾座等部分组成，如图 3-1 所示。

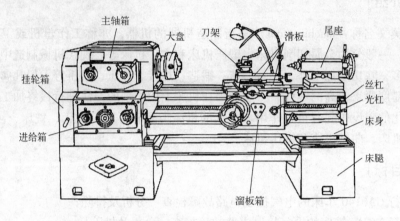

图 3-1　CA6140 车床的组成

知识链接 2　分析 CA6140 车床电气原理图

CA6140 车床的电气控制原理图包括主电路和控制电路两部分。主电路是电动机电源供电部分，控制部分是电动机控制回路、照明及信号灯电路，具体电路图如图 3-2 所示。

在识读电气原理图时，首先看图名，确认是什么设备的原理图。其中一般原理图上方或者下方标有数字 "1、2、3、…" 这是原理图区域编号，便于检索原理图，方便阅读和分析。在图的上方或者下方有 "电源总开关" 等字样，说明相对应的区域元器件或者电路的功能，可以帮助快速确定相关元器件和电路的功能，便于理解和分析电路的工作原理。

1. 主电路分析

图 3-2 所示为 CA6140 车床主电路原理图。主电路中有三台电动机。其中，M_1 为主轴电动机，带动主轴旋转和刀架做进给运动；M_2 为冷却泵电动机，提供冷却液；M_3 为刀架快速移动电动机。三相电源由电路模板上的接线端子引入。经过带漏电保护的空气开关 QS_1 控制整个电路板的电源。熔断器 FU_1 起到整个电路的短路保护作用。主轴电动机 M_1 由交流接触器 KM_1 控制起动和停止，热继电器 FR_1 作为 M_1 的过载保护。冷却泵电动机 M_2 由交流接触器 KM_2 控制起动和停止，热继电器 FR_2 作为它的过载保护。刀架快速移动电动机 M_3 由交流接触器 KM_3 控制起动和停止。

2. 控制电路分析

CA6140 车床工作电路原理图如图 3-2 所示。控制电路电源由控制变压器 TC 两组输出提供 24 V 和 6 V 交流电。

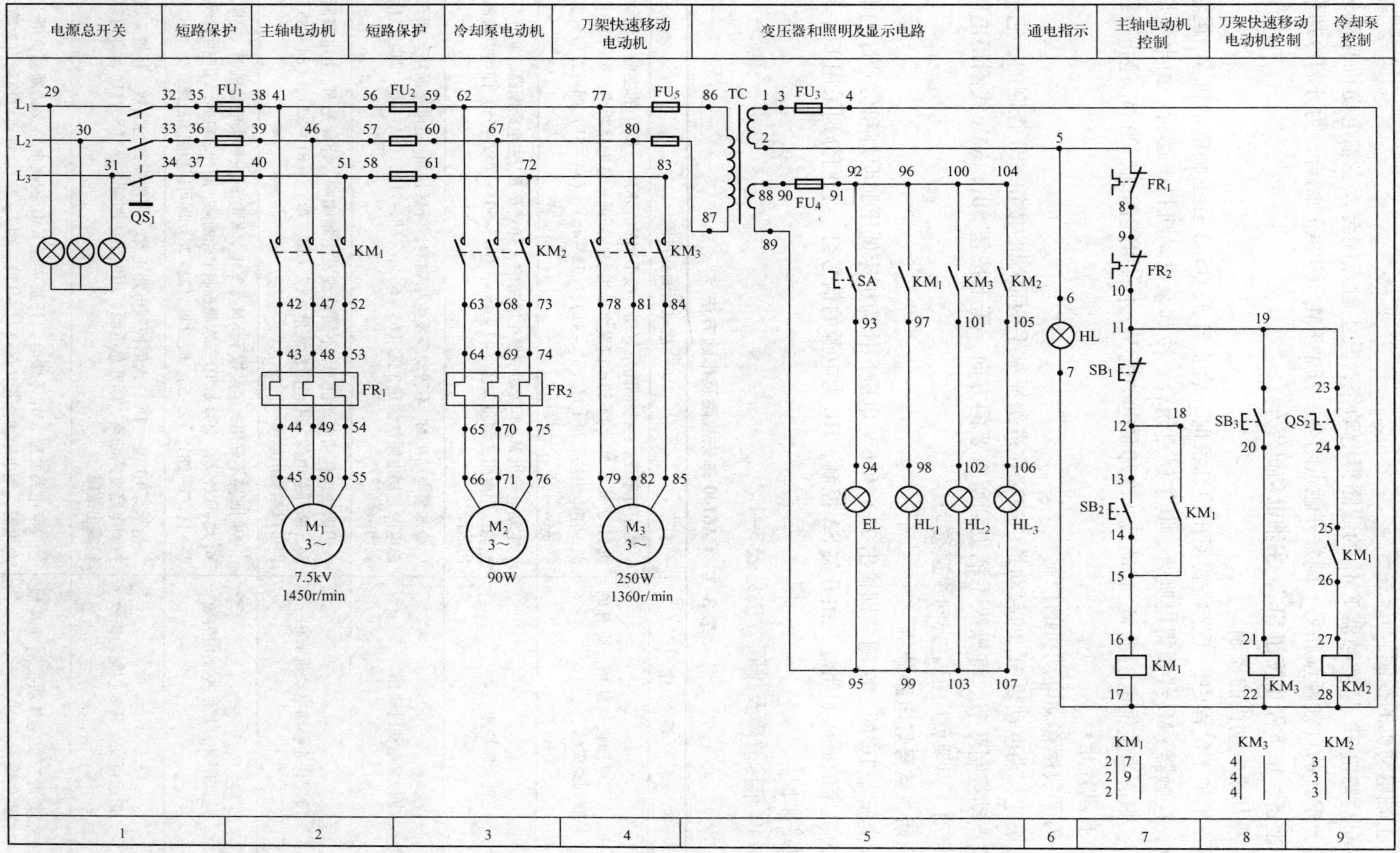

图3-2 CA6140车床的电气原理图

（1）主轴电动机的控制

按下起动按钮 SB_2，接触器 KM_1 的线圈得电动作，其主触点闭合，主轴电动机起动运行。同时，KM_1 的自锁触点和另一副常开触点闭合。其中 KM_1（9 区）闭合，为开起冷却泵电动机作准备。按下停止按钮 SB_1，主轴电动机停车。

（2）冷却泵电动机的控制

如果车削加工过程中，工艺需要使用冷却液时，合上开关 QS_2，在主轴电动机 M_1 运转的情况下，接触器 KM_2 线圈得电吸合，其主触点闭合，冷却泵电动机得电运行。由电气原理图可知，只有当主轴电动机 M_1 起动后，冷却泵电动机 M_2 才有可能起动，当 M_1 停止运行时，M_2 也自动停止。

（3）刀架快速移动电动机的控制

刀架快速移动电动机 M_3 的起动是由安装在进给操纵手柄顶端的按钮 SB_3 控制的，它与 KM_3 组成点动控制环节。将操纵手柄扳到所需要的方向，压下按钮 SB_3，KM_3 线圈得电吸合，M_3 起动，刀架就向指定方向快速移动。

3. 照明、信号灯电路分析

控制变压器 TC 的二次侧分别输出 24 V 和 6 V 电压，作为机床低压照明灯和信号灯的电源。EL 为机床的低压照明灯，由开关 SA 控制，HL 为电源的信号灯。它们分别采用 FU_4 和 FU_3 作短路保护。

CA6140 车床故障及排除方法见表 3-1。

表 3-1　CA6140 车床故障及排除方法

故障序号	故 障 描 述	故障检测和排除
1	全部电动机均缺相，所有的控制回路失效	指示灯不亮，控制回路不好用，按下 KM_1、KM_2、KM_3 的主触头电动机 M_1、M_2、M_3 均不转动或发生嗡嗡响，怀疑是总电路断路。断开总电源，用电阻法测量 1 区（32-41）、（33-46）、（34-51）即可以检测出故障范围
2	主轴正转缺相	主轴电动机 M_1 不转动或发生嗡嗡响，怀疑是 M_1 主电路断路。断开总电源，用电阻法测量 2 区（42-45）、（47-50）、（52-55）即可以检测出故障
3	冷却泵电动机缺相	冷却泵电动机 M_2 不转动或发生嗡嗡响，怀疑是 M_2 主电路断路。断开总电源，用电阻法测量 3 区（63-66）、（68-71）、（73-76）即可以检测出故障
4	刀架快速移动电动机缺相	刀架快速移动电动机 M_3 不转动或发生嗡嗡响，怀疑是 M_3 主电路断路。断开总电源，用电阻法测量 4 区（78-79）、（81-82）、（84-85）即可以检测出故障
5	除照明外，其他控制均失效	控制回路不好用，但是按下 KM_1、KM_2、KM_3 的主触头电动机 M_1、M_2、M_3 均可以转动，怀疑是 TC 二次侧控制电路断路。断开总电源，用电阻法测量 5 区（1-28）、（2-5）、8、9 区（22-28）即可以检测出故障
6	指示灯亮，其他控制均失效	指示灯 HL 亮，TC 二次侧控制电路正常，其他控制均失效，怀疑 7 区控制电路支路断路。断开总电源，用电阻法测量 7 区（5-11），即可以检测出故障
7	除刀架快速移动控制外其他控制失效	检测电路发现 KM_1 不吸合，怀疑 7 区 KM_1 控制电路支路断路。断开总电源，用电阻法测量 7 区（11-17）、（17-22），即可以检测出故障

故障序号	故 障 描 述	故障检测和排除
8	刀架快速移动不能起动，刀架快速移动失效	检测电路发现 KM$_3$ 不吸合，怀疑 8 区 KM$_3$ 控制电路支路断路。断开总电源，用电阻法测量 8 区（19－22），即可以检测出故障
9	主轴电动机起动，冷却泵控制失效，QS$_2$ 不起作用	KM$_2$ 不吸合，怀疑 9 区 KM$_2$ 的控制电路支路断路。断开总电源，用电阻法测量 9 区（19－23）、（24－28）即可以检测出故障

[任务实施]

1. 观察故障现象

合上电源开关 QS$_1$，通电指示灯亮，按下主轴电动机起动按钮 SB$_2$，交流接触器 KM$_1$ 通电吸合，主轴电动机起动指示灯亮，主轴电动机 M$_1$ 不转。合上冷却泵控制开关 QS$_2$，KM$_2$ 通电吸合，冷却泵电动机起动，冷却泵指示灯亮。

2. 故障分析

合上电源开关 QS$_1$，通电指示灯 HL 亮，交流接触器 KM$_1$ 吸合，主轴起动指示灯 HL$_1$ 亮。冷却泵电动机 M$_2$ 起动，冷却泵指示灯 HL$_3$ 亮，根据电路原理图分析得出控制回路、主电源正常。KM$_1$ 吸合主轴电动机 M$_1$ 不转，根据控制原理图初步判定主轴电动机 M$_1$ 电源缺相。

3. 故障检测方法：电阻法

电阻检测法是用万用表的电阻档检测所要测量一段电路路径的电阻值。如果该路径是通路，则电阻值接近 0 Ω；如果是开路，则电阻值无穷大。在使用电阻法检测故障点时，必须在断电状态下操作，即确定电源开关 QS$_1$ 断开，再使用万用表的电阻档进行故障点的查找。

4. 通电检测

故障排除后合上电源开关 QS$_1$ 进行通电测试，测试设备故障排除后功能是否正常，确认设备正常后需要断电，整理现场。

5. 填写维修工作票

根据对故障现象的观察、故障点的检测和排除过程，需要填写维修工作票，见表 3-2。维修工作票的填写要求文字简练，能够准确表达意思。

表 3-2　CA6140 车床维修工作票

工作任务	根据 CA6140 车床电气控制原理图完成电气线路故障检测与排除		
工作条件	检测及排故过程，停电； 观察故障现象和排除故障后试机，通电		
维修要求	1. 在老师的许可签名后方可进行检修； 2. 对电气线路进行检测，确定线路的故障点并排除； 3. 严格遵守电工操作安全规程； 4. 不得擅自改变原线路接线，不得更改电路和元器件位置； 5. 完成检修后能使该车床正常工作		
故障现象描述			

工作任务	根据 CA6140 车床电气控制原理图完成电气线路故障检测与排除		
故障检测和排除过程			
故障点描述			

[任务评价]

任务完成后，以小组为单位进行组内自我检测，并将检测结果填入表 3-3 中，对照评价表进行评价。

表 3-3　任务评价表

任务名称＿＿＿＿＿＿＿＿＿＿＿＿＿＿＿＿＿＿＿＿＿＿＿＿　评价日期＿＿＿＿＿年＿＿月＿＿日

第＿＿组　第一负责人＿＿＿＿＿　参与人＿＿＿＿＿＿＿＿＿＿＿＿＿＿＿＿＿＿＿＿

评价内容	评分标准	扣分情况	配分100 分	得分
故障现象	不能熟练操作机床，扣 5 分；不能确定故障现象，提示一次扣 5 分		10	
故障范围	不会分析故障范围，提示一次扣 5 分；故障范围错误一处，扣 5 分		20	
故障检测	停电不验电，扣 5 分；工具和仪表使用不当，一次扣 5 分；检测方法、步骤错误，每次扣 5 分；不会检测，提示一次扣 5 分		30	
故障修复	不能查出故障点，提示一次扣 10 分；查出故障点但不会排除，扣 10 分；产生新的故障或扩大故障范围，扣 30 分		30	
安全文明	违反安全文明生产操作规程，每次扣 5 分		10	

任务 3.2　检修 X62W 铣床控制电路故障

[任务引入]

万能铣床是一种通用的多用途机床，它可以用圆柱铣刀、圆片铣刀、角度铣刀、成型铣刀及端面铣刀等刀具对各种零件进行平面、斜面、螺旋面及成型表面的加工。常用的万能铣床有两种，一种是 X6132，通常也被称为 X62W，是一种卧式万能铣床；另一种是 X52K 立式万能铣床。这两种铣床在结构上大体相似，差别在于铣头的放置方向不同。

[知识链接]

知识链接 1　认识 X62W 铣床结构

1. X62W 铣床的型号含义

X——类型号（铣床）

6——组代号（落地及卧式车床组）

1——系列号（卧式）

32——铣削直径折算值（最大铣削直径 32×10 mm）

2. X62W 铣床的主要结构

X62W 万能铣床的结构如图 3-3 所示

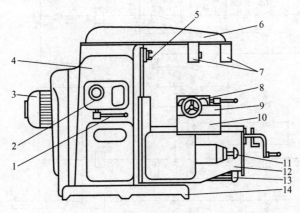

图 3-3　铣床结构图

1—主轴变速手柄　2—主轴变速盘　3—主轴电动机　4—床身　5—主轴　6—悬架　7—刀架支杆

8—工作台　9—转动部分　10—溜板　11—进给变速手柄及变速盘

12—升降台　13—进给电动机　14—底盘

从图中可以看出，X62W 万能铣床主要由床身、主轴、刀杆、悬梁、工作台、回转盘、横溜板、升降台、底座等几部分组成。铣床是一种高效率的加工机床。铣床主轴带动铣刀的旋转运动是主运动；铣床工作台的前后（横向）、左右（纵向）和上下（垂直）6 个方向的运动是进给运动；铣床的其他运动，如工作台的旋转运动则属于辅助运动。

知识链接 2　分析 X62W 铣床电气原理图

1. 主轴电动机的控制

X62W 铣床电气原理图如图 3-4 所示。主轴电动机 M_1：拖动主轴带动铣刀进行铣削加工，正、反转由换向组合开关 SA_5 实现。

进给电动机 M_2：实现工作台 6 个方向的进给运动，快速移动。

冷却泵电动机 M_3：输送切削冷却液。

（1）轴电动机 M_1 的起动

SB_1、SB_2：M_1 的起动按钮

SB_3、SB_4：M_1 的制动停止按钮

起动前先合上电源开关 QS，再把主轴转换开关 SA_5 扳到所需要的旋转方向，然后按起动按钮 SB_1（或 SB_2），接触器 KM_3 得电动作，KM_3 联锁触头分断，对 KM_2 进行联锁，KM_3 主触点闭合，其自锁触头闭合，主轴电动机 M_1 起动，M_1 转速到达 120 r/min 以上时，KS-1、KS-2 动合触头闭合，为 M_1 停车制动做好准备。

（2）主轴电动机的停车制动

当铣削完毕，需要主轴电动机 M_1 停车，此时电动机 M_1 运转速度在 120 r/min 以上时，

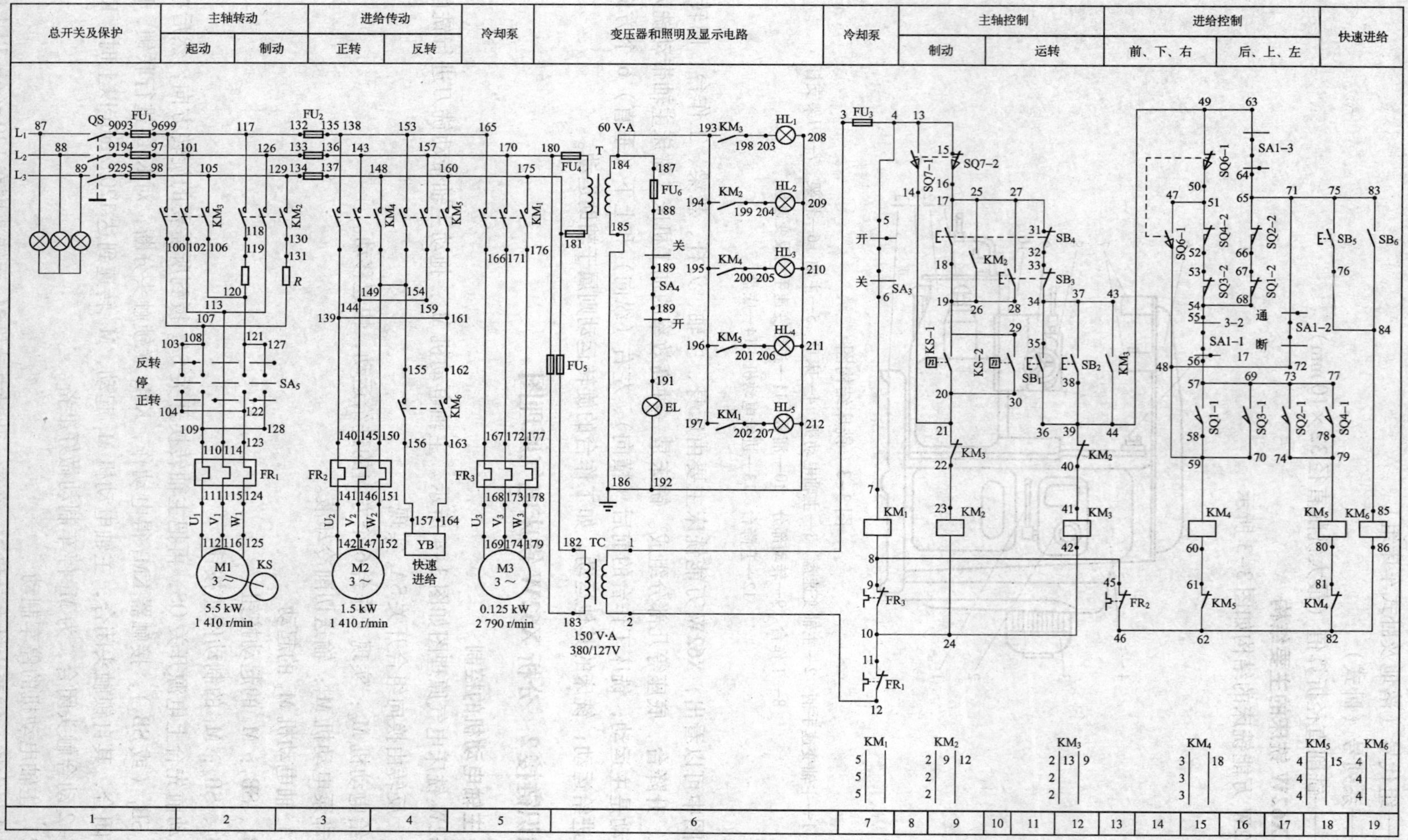

图 3-4 X62W 铣床电气原理图

76

速度继电器 KS 的常开触点闭合（9 区或 10 区），为停车制动做好准备。当要 M_1 停车时，就按下停止按钮 SB_3（或 SB_4），KM_3 断电释放，由于 KM_3 主触点断开，电动机 M_1 断电做惯性运转，紧接着接触器 KM_2 线圈得电吸合，电动机 M_1 串电阻 R 反接制动。当转速降至 120 r/min 以下时，速度继电器 KS 常开触点断开，接触器 KM_2 断电释放，停车反接制动结束。

（3）主轴的冲动（主轴变速的瞬时点动）控制

主轴变速操作箱装在床身左侧窗口上，主轴变速由一个变速手柄和一个变速盘来实现。主轴变速是的冲动控制，是利用变速手柄与冲动控制位置开关 SQ_7 通过机械上的联动机构进行控制的。注意：主轴变速前应先停车。当需要主轴冲动时，按下冲动开关 SQ_7，SQ_7 的常闭触点 $SQ_7 - 2$ 先断开，而后常开触点 $SQ_7 - 1$ 闭合，使接触器 KM_2 通电吸合，电动机 M_1 起动，冲动完成。

2. 工作台进给电动机控制

转换开关 SA_1 是控制圆工作台的，在不需要圆工作台运动时，转换开关扳到"断开"位置，此时 $SA_1 - 1$ 闭合，$SA_1 - 2$ 断开，$SA_1 - 3$ 闭合；当需要圆工作台运动时将转换开关扳到"接通"位置，则 $SA_1 - 1$ 断开，$SA_1 - 2$ 闭合，$SA_1 - 3$ 断开。

（1）工作台纵向进给

工作台的左右（纵向）运动是由装在床身两侧的转换开关与开关 SQ_1、SQ_2 来完成，需要进给时把转换开关扳到"纵向"位置，按下开关 SQ_1，常开触点 SQ_{1-1} 闭合，常闭触点 SQ_{1-2} 断开，接触器 KM_4 通电吸合电动机 M_2 正转，工作台向右运动；当工作台要向左运动时，按下开关 SQ_2，常开触点 SQ_{2-1} 闭合，常闭触点 SQ_{2-2} 断开，接触器 KM_5 通电吸合，电动机 M_2 反转工作台向左运动。在工作台上设置有一块挡铁，两边各设置有一个行程开关，当工作台纵向运动到极限位置时，挡铁撞到位置开关工作台停止运动，从而实现纵向运动的终端保护。

（2）工作台升降和横向（前后）进给

方向进给通过机械传动和操作装在床身两侧的转换开关与开关 SQ_3、SQ_4 来完成工作台上下和前后运动。工作台上分别设置有一块挡铁，两边各设置有一个行程开关，当工作台升降或横向运动到极限位置时，挡铁撞到位置开关工作台停止运动，从而实现开降和横向运动的终端保护。

工作台向上（下）运动：在主轴电动机起动后，把装在床身一侧的转换开关扳到"升降"位置，再按下位置开关 SQ_3（SQ_4），SQ_3（SQ_4）常开触点闭合，SQ_3（SQ_4）常闭触点断开，接触器 KM_4（KM_5）通电吸合，电动机 M_2 正（反）转，工作台向下（上）运动。到达预定的位置时松开按钮，工作台停止运动。

工作台向前（后）运动：在主轴电动机起动后，把装在床身一侧的转换开关扳到"横向"位置，再按下位置开关 SQ_3（SQ_4），SQ_3（SQ_4）常开触点闭合，SQ_3（SQ_4）常闭触点断开，接触器 KM_4（KM_5）通电吸合，电动机 M_2 正（反）转，工作台向前（后）运动。到达预定的位置时松开按钮，工作台停止运动。

3. 控制电路之间的联锁关系

机床在上下前后四个方向进给时，又操作纵向控制这两个方向的进给，将造成机床重大事故，所以必须联锁保护。当上下前后四个方向进给时，若操作纵向任一方向，SQ_{1-2} 或

SQ_{2-2}两个开关中的一个被压开，接触器 KM_4（KM_5）立刻失电，电动机 M_2 停转，从而得到保护。

同理，当纵向操作时由操作某一方向而选择了向左或向右进给时，SQ_1 或 SQ_2 被压着，他们的常闭触点 SQ_{1-2} 或 SQ_{2-2} 是断开的，接触器 KM_4 或 KM_5 都由 SQ_{3-2} 和 SQ_{4-2} 接通，若发生误操作，而选择上、下、前、后某一方向的进给，就一定使 SQ_{3-2} 或 SQ_{4-2} 断开，使 KM_4 或 KM_5 断电释放，电动机 M_2 停止运转，避免了机床事故。

（1）进给冲动

为使齿轮进入良好的啮合状态，将变速盘向里推。在推进时，挡块压动位置开关 SQ_6，首先使常闭触点 SQ_{6-2} 断开，然后常开触点 SQ_{6-1} 闭合，接触器 KM_4 通电吸合，电动机 M_2 起动。但它并未转起来，位置开关 SQ_6 已复位，首先断开 SQ_{6-1}，而后闭合 SQ_{6-2}。接触器 KM_4 失电，电动机失电停转。这样使电动机接通一下电源，齿轮系统产生一次抖动，使齿轮啮合顺利进行。要冲动时按下冲动开关 SQ_6。

（2）工作台的快速移动

在工作台向某个方向运动时，按下按钮 SB_5 或 SB_6（两地控制），接触器 KM_6 通电吸合，它的常开触点（4区）闭合，电磁铁 YB 通电（指示灯亮）快速进给。

（3）圆工作台的控制

为了扩大机床的加工能力，可在机床上安装附件圆工作台，这样可以进行圆弧或凸轮的铣削加工。拖动时，所有进给系统均停止工作，只让圆工作台绕轴心回转。该电动机带动一根专用轴，使圆工作台绕轴心回转，铣刀铣出圆弧。在圆工作台开动时，其余进给一律不准运动，若有误操作动了某个方向的进给，则必然会使开关 $SQ_1 \sim SQ_4$ 中的某一个常闭触点断开，使电动机停转，从而避免了机床事故的发生。按下主轴停转按钮 SB_3 或 SB_4，主轴停转，圆工作台也停转。

把圆工作台控制开关 SA_1 扳到"接通"位置，此时 SA_{1-1} 断开，SA_{1-2} 接通，SA_{1-3} 断开，主轴电动机起动后，圆工作台即开始工作，其控制电路：

电源→SQ_{4-2}→SQ_{3-2}→SQ_{1-2}→SQ_{2-2}→SA_{1-2}→KM_4 线圈

接触器 KM_4 通电吸合，电动机 M_2 运转。

4. 冷却、照明控制

要起动冷却泵时扳开关 SQ_3，接触器 KM_1 通电吸合，电动机 M_3 运转，冷却泵起动。机床照明是由变压器 T 提供 36 V 电压，工作灯由 SA_4 控制。

X62W 铣床故障及排除方法见表 3-4。

表 3-4 X62W 铣床故障及排除方法

故障序号	故 障 描 述	故 障 检 测 和 排 除
1	主轴电动机正反转均缺相，进给电动机、冷却泵电动机缺相，控制变压器及照明变压器均没电	指示灯不亮，控制回路不好用，按下 KM_1、KM_2、KM_3、KM_4、KM_5 的主触头电动机 M_1、M_2、M_3 均不转动或发生嗡嗡响，怀疑是总电路断路。断开总电源，用电阻法测量 1 区（90 - 99），（91 - 101），（92 - 105）即可以检测出故障范围
2	主轴电动机无论正反均缺相	按下 KM_2、KM_3 的主触头电动机 M_1 均不转动或发生嗡嗡响，怀疑是电动机 M_1 的主电路断路。断开总电源，用电阻法测量 1 区（107 - 112），（113 - 116），（120 - 125）即可以检测出故障范围

故障序号	故 障 描 述	故障检测和排除
3	进给电动机正反转缺相	按下 KM₄、KM₅ 的主触头电动机 M₂ 均不转动或发生嗡嗡响，怀疑是电动机 M₂ 的主电路断路。断开总电源，用电阻法测量 3、4 区（139 - 142），（144 - 147），（149 - 152）即可以检测出故障范围
4	快速进给电磁铁不能动作	怀疑是 YB 电路断路。断开总电源，用电阻法测量 4 区（154 - 157），（161 - 164）即可以检测出故障范围
5	照明及控制变压器没电，照明灯不亮，控制回路失效	指示灯不亮，控制回路不好用，但是按下 KM₁、KM₂、KM₃、KM₄、KM₅ 的主触头电动机 M₁、M₂、M₃ 均转动，怀疑是 TC 一次侧断路。断开总电源，用电阻法测量 5 区（170 - 180），（175 - 181），即可以检测出故障范围
6	控制变压器没电，控制回路失效	照明灯亮，指示灯不亮，控制回路不好用，但是按下 KM₁、KM₂、KM₃、KM₄、KM₅ 的主触头电动机 M₁、M₂、M₃ 均转动，怀疑是 TC 一次侧断路或者控制电路故障。断开总电源，用电阻法测量 5 区（180 - 183），（181 - 182），（1 - 4），（2 - 12）即可以检测出故障范围
7	照明灯不亮	照明灯不亮，控制回路正常，怀疑是照明 T 二次侧断路。断开总电源，用电阻法测量 6 区（184 - 187），（185 - 186），即可以检测出故障范围
8	主轴电动机制动失效	怀疑制动电路故障，用电阻法测量 9 区（13 - 24），即可以检测出故障范围
9	主轴电动机不能起动	怀疑制动电路故障，用电阻法测量 12 区（39 - 24），即可以检测出故障范围
10	工作台进给控制失效	怀疑工作台控制电路故障，用电阻法测量 13 区（8 - 62），15 区（60 - 46），18 区（80 - 82），19 区（82 - 86），即可以检测出故障范围

[任务实施]

1. 故障现象判断

先将换向开关 SA₅ 扳到 M₁ 所需的旋转方向，合上 QS 开起电源，按下起动按钮 SB₁ 或 SB₂，发现主轴电动机 M₁ 有强烈的"嗡、嗡"声无法起动，这是电动机缺相运行的一种现象，可以确定故障现象是主轴电动机无论正、反转均缺一相。

2. 故障检测方法：电阻法

电阻检测法是用万用表的电阻档检测所要测量一段电路路径的电阻值。如果该路径是通路，则电阻值接近 0 Ω，如果是开路，则电阻值无穷大。在使用电阻法检测故障点时，必须在断电状态下操作，即确定电源开关 QS 断开，再使用万用表的电阻档进行故障点的查找。

3. 通电检测

故障排除后合上电源开关 QS 进行通电测试，测试设备故障排除后功能是否正常，确认设备正常后需要断电，整理现场。

4. 填写维修工作票

根据对故障现象的观察、故障点的检测和排除过程，需要填写维修工作票，见表 3-5。维修工作票的填写要求文字简练，能够准确表达意思。

表 3-5　X62W 铣床维修工作票

工作任务	根据 X62W 铣床电气控制原理图完成电气线路故障检测与排除		
工作条件	检测及排故过程，停电； 观察故障现象和排除故障后试机，通电		
维修要求	1. 在老师的许可签名后方可进行检修； 2. 对电气线路进行检测，确定线路的故障点并排除； 3. 严格遵守电工操作安全规程； 4. 不得擅自改变原线路接线，不得更改电路和元器件位置； 5. 完成检修后能使该车床正常工作		
故障现象描述			
故障检测和排除过程			
故障点描述			

[任务评价]

任务完成后，以小组为单位进行组内自我检测，并将检测结果填入表 3-6 中，对照评价表进行评价。

表 3-6　任务评价表

任务名称_____评价日期_____年____月____日

第____组　第一负责人_____　参与人_____

评价内容	评分标准	扣分情况	配分 100 分	得分
故障现象	不能熟练操作机床，扣 5 分；不能确定故障现象，提示一次扣 5 分		10	
故障范围	不会分析故障范围，提示一次扣 5 分；故障范围错误一处，扣 5 分		20	
故障检测	停电不验电，扣 5 分；工具和仪表使用不当，一次扣 5 分；检测方法、步骤错误，每次扣 5 分；不会检测，提示一次扣 5 分		30	
故障修复	不能查出故障点，提示一次扣 10 分；查出故障点但不会排除，扣 10 分；产生新的故障或扩大故障范围，扣 30 分		30	
安全文明	违反安全文明生产操作规程，每次扣 5 分		10	

任务 3.3　检修 M7120 平面磨床控制电路故障

[任务引入]

磨床是用砂轮的周边或端面对工件的表面进行机械加工的一种精密机床。磨床的种类很多，根据用途不同可分为平面磨床、内圆磨床、外圆磨床、无心磨床等。

（1）液压泵电动机 M_1 的控制

合上总开关 QS_1 后，整流变压器一个二次侧输出 130 V 交流电压，经桥式整流器 VC 整流后得到直流电压，使电压继电器 KA 得电动作，其动合触头（7 区）闭合，为起动电动机做好准备。如果 KA 不能可靠动作，各电动机均无法运行。因为平面磨床的工件靠直流电磁吸盘的吸力将工件吸牢在工作台上，只有具备可靠的直流电压后，才允许起动砂轮和液压系统，以保证安全。当 KA 吸合后，按下起动按钮 SB_3，接触器 KM_1 通电吸合并自锁，液压电动机 M_1 起动运转，HL_2 灯亮。若按下停止按钮 SB_2，接触器 KM_1 线圈断电释放，电动机 M_1 断电停转。

（2）砂轮电动机 M_2 及冷却泵电动机 M_3 的控制

按下启动按钮 SB_5，接触器 KM_2 线圈得电动作，砂轮电动机 M_2 起动运转。由于冷却泵电动机 M_3 与 M_2 联动控制，所以 M_3 与 M_2 同时起动运转。按下停止按钮 SB_4 时，接触器 KM_2 线圈断电释放，M_2 与 M_3 同时断电停转。两台电动机的热继电器 FR_2 和 FR_3 的动断触头都串联在 KM_2 中，只要有一台电动机过载，就会使 KM_2 失电。因冷却液循环使用，经常混有污垢杂质，很容易引起电动机 M_3 过载，故用热继电器 FR_3 进行过载保护。

（3）砂轮升降电动机 M_4 的控制

砂轮升降电动机只有在调整工件和砂轮之间位置时使用，所以用点动控制。当按下点动按钮 SB_6，接触器 KM_3 线圈得电吸合，电动机 M_4 起动正转，砂轮上升。到达所需位置时，松开 SB_6，KM_3 线圈断电释放，电动机 M_4 停转，砂轮停止上升。按下点动按钮 SB_7，接触器 KM_4 线圈得电吸合，电动机 M_4 起动反转，砂轮下降。到达所需位置时，松开 SB_7，KM_4 线圈断电释放，电动机 M_4 停转，砂轮停止下降。为了防止电动机 M_4 正反转线路同时接通，故在对方线路中串入接触器 KM_4 和 KM_3 的动断触头进行联锁控制。

（4）电磁吸盘控制电路分析

电磁吸盘具有固定加工工件的夹具作用。利用通电导体在铁心中产生的磁场吸牢磁铁材料的工件，以便加工。电磁吸盘的控制电路包括整流装置、控制装置和保护装置三个部分。整流装置由变压器 TC 和单相桥式全波整流器 VC 组成，供给 120 V 直流电源。控制装置由按钮 SB_8、SB_9、SB_{10} 和接触器 KM_5、KM_6 等组成。

充磁过程如下：按下充磁按钮 SB_8，接触器 KM_5 线圈得电吸合，KM_5 主触头闭合，电磁吸盘 YH 线圈得电，工作台充磁吸住工件。同时其自锁触头闭合，联锁触头断开。磨削加工完毕，在取下已经加工的工件时，先按 SB_9，切断电磁吸盘 YH 的直流电源，由于吸盘和工件都有剩磁，所以需要对吸盘和工件进行去磁。

去磁过程如下：按下点动按钮 SB_{10}，接触器 KM_6 线圈得电吸合，KM_6 的两副主触头闭合，电磁吸盘通入反相直流电，使工作台去磁。去磁时，为防止因时间过长使工作台反向磁化，再次吸住工件，因而接触器 KM_6 采用点动控制。

（5）照明和指示灯电路分析

EL 为照明灯，其工作电压为 36 V，由变压器 TC 二次线圈供给。QS_2 为照明开关。HL_1、HL_2、HL_3、HL_4 和 HL_5 为工作指示灯，其工作电压为 6.3 V，也由变压器 TC 供给。HL_1 亮，表示控制电路的电源正常；不亮，表示电源有故障。HL_2 亮，表示工作台电动机 M_1 处于运转状态，工作台正在进行往复运动；不亮，表示 M_1 停转。HL_3、HL_4 亮，表示砂轮电动机 M_2 及冷却泵电动机 M_3 处于运转状态；不亮，表示 M_2、M_3 停转。HL_5 亮，表示砂轮升降电

动机 M_4 处于下降工作状态；不亮，表示 M_4 停转。HL_6 亮，表示砂轮升降电动机 M_4 处于下降工作状态；不亮，表示 M_4 停转。HL_7 亮，表示电磁吸盘 YH 处于工作状态；不亮，表示电磁吸盘不工作。

M7120 磨床故障及排除方法见表 3-7。

表 3-7　M7120 磨床故障及排除方法

故障序号	故障描述	故障检测和排除
1	液压泵电动机缺相	液压泵电动机不转动或发生嗡嗡响，怀疑电动机主电路断路。断开总电源，用电阻法测量 2 区 (11-14)、(16-19)、(21-24) 即可以检测出故障范围
2	砂轮电动机、冷却泵电动机均缺相	砂轮电动机、冷却泵电动机不转动或发生嗡嗡响，怀疑电动机主电路断路。断开总电源，用电阻法测量 3 区 (26-28)、(31-33)、(36-38) 即可以检测出故障范围
3	控制变压器缺相或控制回路失效	按压机床开关按钮，但是没有动作，主电路也没动作，但是按下 KM_1、KM_2、KM_3、KM_4 的主触头电动机 M_1、M_2、M_3、M_4 均转动，怀疑是控制变压器一次或二次缺相。断开总电源，用电阻法测量 5 区 (61-73)、(64-74)、6 区 (80-89)、(85-101)，即可以检测出故障范围
5	液压泵电动机不起动	按压 SB_3 液压泵没有动作，主电路也没动作，但是按下 KM_1 的主触头电动机 M_1 转动，怀疑是 KM_1 控制电路断路。断开总电源，用电阻法测量 7 区 (88-101)，即可以检测出故障范围
6	KA 继电器不动作，液压泵、冷却泵、砂轮升降、电磁吸盘不能起动	KA 继电器不动作，怀疑是 KA 控制电路断路。断开总电源，用电阻法测量 13 区 (147-153)、(148-154) 12 区 (75-150)、(76-145) 即可以检测出故障范围
7	砂轮上升失效	按压 SB_6 砂轮没有动作，主电路也没动作，但是按下 KM_3 的主触头电动机 M_4 转动，怀疑是 KM_4 控制电路断路。断开总电源，用电阻法测量 9 区 (117-122)，即可以检测出故障范围

[任务实施]

1. 故障现象

M7120 平面磨床电气控制的特点是采用电磁吸盘，常见故障主要是电磁吸盘方面的故障。电磁吸盘没有吸力。

2. 故障检测方法：电阻法

首先检测三相交流电源是否正常，然后检查 FU_1、FU_2 和 FU_3 是否完好，接触是否正常，再检查插件 X_2 接触是否良好。如上述检查均未发现故障，则进一步检查电磁吸盘电路，包括 KA 线圈是否断开、吸盘线圈是否断路等。断开 QS_1 电源开关，万用表旋转到电阻档，用电阻法检测电路。

3. 通电检测

故障排除后合上电源开关 QS_1 进行通电测试，测试设备故障排除后功能是否正常，确认设备正常后需要断电，整理现场。

4. 填写维修工作票

根据对故障现象的观察、故障点的检测和排除过程，需要填写维修工作票，见表3-8。维修工作票的填写要求文字简练，能够准确表达意思。

表3-8 M7120 磨床维修工作票

工作任务	根据 M7120 磨床电气控制原理图完成电气线路故障检测与排除	
工作条件	检测及排故过程，停电； 观察故障现象和排除故障后试机，通电	
维修要求	1. 在老师的许可签名后方可进行检修； 2. 对电气线路进行检测，确定线路的故障点并排除； 3. 严格遵守电工操作安全规程； 4. 不得擅自改变原线路接线，不得更改电路和元器件位置； 5. 完成检修后能使该磨床正常工作	
故障现象描述		
故障检测和排除过程		
故障点描述		

[任务评价]

任务完成后，以小组为单位进行组内自我检测，并将检测结果填入表3-9中，对照评价表进行评价。

表3-9 任务评价表

任务名称＿＿＿＿＿＿＿＿＿＿＿＿＿＿＿＿＿＿＿＿＿＿＿＿＿ 评价日期＿＿＿＿＿年＿＿月＿＿日

第＿＿组　第一负责人＿＿＿＿＿＿＿ 参与人＿＿＿＿＿＿＿＿＿＿＿＿＿＿＿＿＿＿＿＿＿

评价内容	评分标准	扣分情况	配分 100分	得分
故障现象	不能熟练操作机床，扣5分；不能确定故障现象，提示一次扣5分		10	
故障范围	不会分析故障范围，提示一次扣5分；故障范围错误一处，扣5分		20	
故障检测	停电不验电，扣5分；工具和仪表使用不当，一次扣5分；检测方法、步骤错误，每次扣5分；不会检测，提示一次扣5分		30	
故障修复	不能查出故障点，提示一次扣10分；查出故障点但不会排除，扣10分；产生新的故障或扩大故障范围，扣30分		30	
安全文明	违反安全文明生产操作规程，每次扣5分		10	

任务 3.4　检修 Z3040 摇臂钻床控制电路故障

[任务引入]

摇臂钻床是一种孔加工设备，可以用来进行钻孔、扩孔、铰孔、攻螺纹及修刮端面等多种形式的加工。按机床夹紧结构分类，摇臂钻床可以分为液压摇臂钻床和机械摇臂钻床在各类钻床中，摇臂钻床操作方便、灵活，适用范围广，具有典型性，特别适用于单件或批量生产带有多孔大型零件的孔加工，是一般机械加工车间常见的机床。Z3040 摇臂钻床具有结构简单实用、操作维修方便等特点，而且将其他钻床的优点聚为一体，使之加大了钻床的加工范围。

[知识链接]

知识链接 1　认识 Z3040 摇臂钻床结构

1. Z3040 摇臂钻床的型号含义

Z——类型号（钻床）

30——组代号（摇臂）

40——最大加工直径（40 mm）

2. Z3040 摇臂钻床的主要结构

Z3040 摇臂钻床是一种用途广泛的万能机床，适用于加工中小零件，可以进行钻孔、扩孔、铰孔、刮平面及改螺纹等多种形式的加工，增加适当的工艺装备还可以进行镗孔。主要由底座、内外立柱、摇臂、主轴箱、主轴及工作台等部分组成。最大钻孔直径为 40 mm，跨距最大 1200 mm，最小 300 mm。Z3040 的结构如图 3-7 所示

（1）主轴带刀具的旋转与进给运动

主轴的转动与进给运动由一台三相交流异步电动机（3 kW）驱动，主轴的转动方向由机械及液压装置控制。

（2）各运动部分的移位运动

主轴在三维空间的移位运动有主轴箱沿摇臂方向的水平移动（平动）；摇臂沿外立柱的升降运动（摇臂的升降运动由一台 1.1 kW 笼型三相异步电动机拖动）；外立柱带动摇臂沿内立柱的回转运动（手动）等三种，各运动部件的移位运动用于实现主轴的对刀移位。

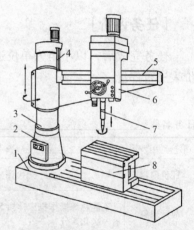

图 3-7　Z3040 平面床结构图
1—底座　2—内立柱　3、4—外立柱
5—摇臂　6——主轴箱
7—主轴　8—工作台

（3）移位运动部件的夹紧与放松

摇臂钻床的三种对刀移位装置对应三套夹紧与放松装置，对刀移动时，需要将装置放松，机加工过程中，需要将装置夹紧。三套夹紧装置分别为摇臂夹紧（摇臂与外立柱之间）；主轴箱夹紧（主轴箱与摇臂导轨之间）；立柱夹紧（外立柱和内立柱之间）。通常主轴箱和立柱的夹紧与放松同时进行。摇臂的夹紧与放松则要与摇臂升降运动结合进行。

知识链接 2　分析 Z3040 摇臂钻床电气原理图

1. 主轴电路分析

Z3040 摇臂钻床电气原理图如图 3-8 所示。按下起动按钮 SB_2，接触器 KM_1 线圈通电吸合并自锁，其主触点接通主拖动电动机的电源，主电动机 M_1 旋转。需要使主电动机停止工作时，按停止按钮 SB_1，接触器 KM_1 断电释放，主电动机 M_1 被切断电源而停止工作。主电动机采用热继电器 FR_1 作过载保护，采用熔断器 FU_1 作短路保护。主电动机的工作指示由 KM_1 的辅助动合触点控制指示灯 HL_3 来实现，当主电动机在工作时，指示灯 HL_1 亮。

2. 摇臂的升降控制

摇臂升降运动必须在摇臂完全放松的条件下进行，升降过程结束后应将摇臂夹紧固定。摇臂升降运动的动作过程为：

摇臂放松——摇臂升/降——摇臂夹紧。（注：夹紧必须在摇臂停止时进行）

摇臂上升与下降控制的工作过程如下：

按下上升（或下降）控制按钮 SB_3（或 SB_4），断电延时继电器 KT 线圈通电，同时 KT 动合触点使电磁铁 YA 线圈通电，接触器 KM_4 线圈通电，电动机 M_3 正转，高压油进入摇臂松开油腔，推动活塞和菱形块实现摇臂的放松。放松至需要高度后，压下行程开关 SQ_3，接触器 KM_4 线圈断电（摇臂放松过程结束），接触器 KM_2（KM_3）线圈得电，主触点闭合接通升降电动机 M_2，带动摇臂上升。由于此时摇臂已松开，SQ_4 被复位，HL_1 灯亮，表示松开指示。松开按钮 SB_3（SB_4），KM_2（KM_3）线圈断电，摇臂上升（下降）运动停止，时间继电器 KT 线圈断电（电磁铁 YA 线圈仍通电），当延时结束，即升降电机完全停止时，KT 延时闭合动断触点闭合，KM_5 线圈得电，液压泵电动机反向序接通电源而反转，压力油经另一条油路进入摇臂夹紧油腔，反方向推动活塞和菱形块，使摇臂夹紧。摇臂做夹紧运动，一定时间后 KT 动合延时断开触点断开，接触器 KM_5 线圈和电磁铁 YA 线圈断电，电磁阀复位，液压泵电动机 M_3 断电停止工作，摇臂上升（下降）运动结束。

SQ_1（SQ_2）为摇臂上升（下降）的限位保护开关。

3. 主轴箱和立柱的夹紧与放松

根据液压回路原理，电磁换向阀 YA 线圈不通电时，液压泵电动机 M_3 的正、反转，使主轴箱和立柱同时放松或夹紧。具体操作过程如下：

按动按钮 SB_5，接触器 KM_4 线圈通电，液压泵电动机 M_3 正转（YA 不通电），主轴箱和立柱的夹紧装置放松，完全放松后位置开关 SQ_4 不受压，指示灯 HL_1 做主轴箱和立柱的放松指示，松开按钮 SB_5，KM_4 线圈断电，液压泵电动机 M_3 停转，放松过程结束。HL_1 放松指示状态下，可手动操作外立柱带动摇臂沿内立柱回转动作，以及主轴箱摇臂长度方向水平移动。

按动按钮 SB_6，接触器 KM_5 线圈通电，主轴箱和立柱的夹紧装置夹紧，夹紧后压下位置开关 SQ_4，指示灯 HL_2 做夹紧指示，松开按钮 SB_6，接触器 KM_5 线圈断电，主轴箱和立柱的夹紧状态保持。在 HL_2 的夹紧指示灯状态下，可以进行孔加工（此时不能手动移动）。

Z3040 钻床故障及排除方法见表 3-10。

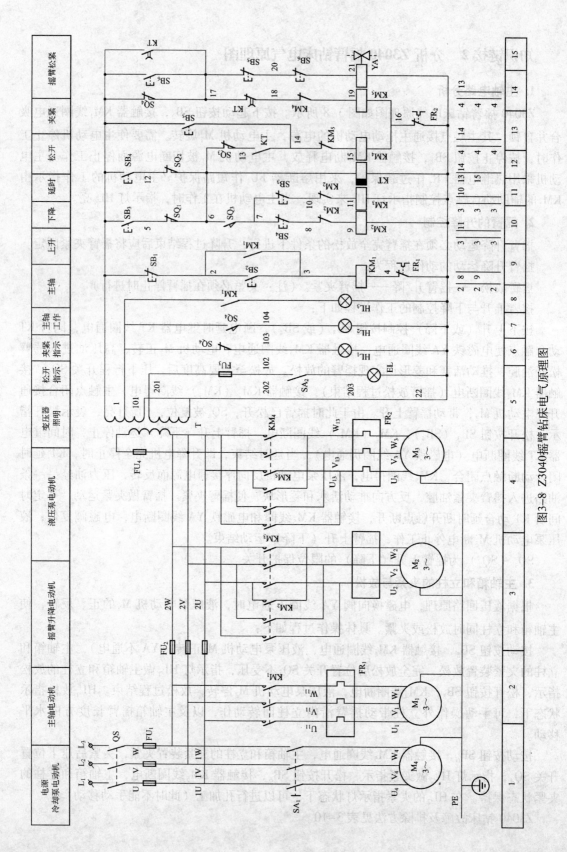

图3-8 Z3040摇臂钻床电气原理图

表 3-10　Z3040 钻床故障及排除方法

故障序号	故障描述	故障检测和排除
1	全部电动机均缺相，所有的控制回路失效	指示灯不亮，控制回路不好用，电动机 M_1、M_2、M_3/M_4 均不转动或发生嗡嗡响，怀疑是总电路断路。断开总电源，用电阻法测量 1 区（U-1U），（V-1V），（W-1W）即可以检测出故障范围
2	主轴正转缺相	主轴电动机 M_1 不转动或发生嗡嗡响，怀疑是 M_1 主路断路。断开总电源，用电阻法测量 2 区（U11-U1），（V11-V1），（W11-W1）即可以检测出故障
3	摇臂电动机缺相	摇臂电动机 M_2 不转动或发生嗡嗡响，怀疑是 M_2 主路断路。断开总电源，用电阻法测量 3 区（2U-U2），（2V-V2），（2W-W2）即可以检测出故障
4	液压泵电动机缺相	液压泵电动机 M_3 不转动或发生嗡嗡响，怀疑是 M_3 主电路断路。断开总电源，用电阻法测量 4 区（2U-U3），（2V-V3），（2W-W3）即可以检测出故障
5	除照明外，其他控制均失效	控制回路不好用，但是按下 KM1、KM2、KM3 的主触头电动机 M_1、M_2、M_3 均可以转动，怀疑是 T 二次侧控制电路断路。断开总电源，用电阻法测量 5 区（101-102），（202-22）即可以检测出故障
6	指示灯不亮，其他控制均失效	指示灯 HL 不亮，T 二次侧控制电路正常，其他控制均失效，怀疑 8 区控制电路支路断路。断开总电源，用电阻法测量 8 区（1-2），（4-22），即可以检测出故障
7	主轴电机控制失效	检测电路发现 KM1 不吸合，怀疑 9 区 KM1 控制电路支路断路。断开总电源，用电阻法测量 9 区（1-4），即可以检测出故障
8	摇臂上升或下降失效	检测电路发现 KM2、KM3 不吸合，怀疑 10、11 区 KM2、KM3 控制电路支路断路。断开总电源，用电阻法测量 10、11 区（5-7），即可以检测出故障
9	松开控制失效	KM4 不吸合，怀疑 13 区 KM4 的控制电路支路断路。断开总电源，用电阻法测量 13 区（13-16）即可以检测出故障

[任务实施]

1. 故障现象

Z3040 型摇臂钻床的控制是机、电、液的联合控制，摇臂移动故障为其常见故障。摇臂不能上升。

2. 故障检测方法：电阻法

常见故障为 SQ_2 安装位置不当或位置移动，这样摇臂虽已松开但活塞杆仍压不上 SQ_2，致使摇臂不能移动。有时也会因液压系统发生故障，使摇臂没有完全松开活塞杆而压不上 SQ_2，为此应配合机械液压系统调整好 SQ_2 位置并安装牢固。有时电动机 M_3 电源相序接反，此时按下摇臂上升按钮 SB_3 时，电动机 M_3 反转使摇臂夹紧而压不上 SQ_2，摇臂也不会上升。所以安装完毕，应认真检查电源相序及电动机正反转是否正确。断开 QS 电源开关，万用表旋转到电阻档，用电阻法检测电路。

3. 通电检测

故障排除后合上电源开关 QS 进行通电测试，测试设备故障排除后功能是否正常，确认设备正常后需要断电，整理现场。

4. 填写维修工作票

根据对故障现象的观察、故障点的检测和排除过程，需要填写维修工作票，见表 3-11。维修工作票的填写要求文字简练，能够准确表达意思。

表 3-11 Z3040 钻床维修工作票

工作任务	根据 Z3040 钻床电气控制原理图完成电气线路故障检测与排除		
工作条件	检测及排故过程，停电； 观察故障现象和排除故障后试机，通电		
维修要求	1. 在老师的许可签名后方可进行检修； 2. 对电气线路进行检测，确定线路的故障点并排除； 3. 严格遵守电工操作安全规程； 4. 不得擅自改变原线路接线，不得更改电路和元器件位置； 5. 完成检修后能使该磨床正常工作		
故障现象 描述			
故障检测 和排除过程			
故障点描述			

[**任务评价**]

　　任务完成后，以小组为单位进行组内自我检测，并将检测结果填入表 3-12 中，对照评价表进行评价。

表 3-12 任务评价表

任务名称＿＿＿＿＿＿＿＿＿＿＿＿＿＿＿＿＿＿＿＿＿＿＿＿＿＿　评价日期＿＿＿＿＿年＿＿月＿＿日

第＿＿组　第一负责人＿＿＿＿＿＿　参与人＿＿＿＿＿＿＿＿＿＿＿＿＿＿＿＿＿＿＿＿

评价内容	评分标准	扣分情况	配分 100 分	得分
故障现象	不能熟练操作机床，扣 5 分；不能确定故障现象，提示一次扣 5 分		10	
故障范围	不会分析故障范围，提示一次扣 5 分；故障范围错误一处，扣 5 分		20	
故障检测	停电不验电，扣 5 分；工具和仪表使用不当，一次扣 5 分；检测方法、步骤错误，每次扣 5 分；不会检测，提示一次扣 5 分		30	
故障修复	不能查出故障点，提示一次扣 10 分；查出故障点但不会排除，扣 10 分；产生新的故障或扩大故障范围，扣 30 分		30	
安全文明	违反安全文明生产操作规程，每次扣 5 分		10	

项目评价与考核

　　所有任务完成后，项目结束，要对整个项目的完成情况进行综合评价和考核，具体评价规则见表 3-13 的项目验收单。

表 3-13　项目验收单

项目名称				姓名		综合评价	
第一负责人：			参与人：				

考核项目	考核内容	评分标准	评价结果			
			自评	互评	师评	等级
知识与技能 （50分）	能准确回答工作任务书中的问题，完成维修工作票	A：全部合格； B：有1~2处任务漏填、错填； C：3~4处错填、漏填； D：4处以上错填				
	能正确使用电工工具和检测仪表，检测故障点	A：所有工具选用正确； B：选错1个； C：选错2个； D：选错3个及以上				
	能检测出故障点并排除，而且不产生新的故障、不扩大故障范围	A：故障点检测全部正确； B：1~2处错误； C：3~4处错误； D：4处以上错误				
	能按照图纸分析故障范围，故障现象，描述准确	A：全部正确； B：1~2处错误； C：3~4处错误； D：5处以上错误				
	能实现机床功能	A：1次通电成功，实现功能； B：1次一处不成功，2次实现； C：1次两处不成功，2次实现； D：跳闸，或2次未实现功能				
过程与方法 （30分）	能够消化、吸收理论知识，能查阅相关工具书	A：完全胜任； B：良好完成； C：基本做到； D：严重缺乏或无法履行				
	能利用网络、信息化资源进行自主学习					
	能够在实操过程中发现问题并解决问题					
	能与老师进行交流，提出关键问题，有效互动，能与同学良好沟通，小组协作					
	能按操作规范进行检测与调试，任务时间安排合理					
态度与情感 （20分）	工作态度端正，认真参与，有爱岗敬业的职业精神	A：态度认真，积极主动，热爱岗位，勇于担当； B：具备以上两项； C：具备以上一项； D：以上都不要具备				
	安全操作，注意用电安全，无损伤损坏元器件及设备，并提醒他人	A：安全意识强，能协助他人； B：规范操作，无损坏设备现象； C：操作不当，无意损坏； D：严重违规操作或恶意损坏				
	具有集体荣誉感和团队意识，具有创新精神	A：存在团队合作好、质量过关、速度快或其他突出之处； B：具备以上两项； C：具备以上一项； D：以上都不要具备				

项目名称			姓名	综合评价			
第一负责人：			参与人：				

考核项目	考核内容	评分标准	评价结果			
			自评	互评	师评	等级
态度与情感 （20分）	文明生产，执行7S管理标准（整理、整顿、清扫、清洁、素养、安全和节约）	A：以上全部具备； B：具备以上六项； C：具备以上五项； D：具备四项及以下				
说明	1. 综合评价说明： 8个及8个以上A（A级不得含有D级评价，否则降为B），综合等级评为A； 8个及8个以上B，综合等级评为B；8个及8个以上C，综合等级评为C； 6个及6个以上D，综合等级评为D。 2. 个别组员未能全部参加项目，不得评A，最高可评至B级。 3. 项目完成过程中有特殊贡献或重大改进的地方，可以适当加分					

项目自测题

一、判断题

1. 机床的电气连接安装完毕，若正确无误，则将按钮盒安装就位，关上控制箱门，即可准备试车。（　　）

2. 机械设备电气控制电路闭环调试时，应先调节电流环，再调节速度环。（　　）

3. 机床的电气连接安装完毕，对照原理图和接线图认真检查，有无错接、漏接现象。（　　）

4. 机床电气连接安装完毕，若正确无误，则将按钮盒安装就位，关上控制箱门，即可准备试车。（　　）

5. CA6140型车床的主轴、冷却、刀架快速移动分别由三台电动机拖动。（　　）

6. X62W万能铣床只有在主轴启动以后，进给运动才能动作，未启动主轴时，工作台所有运动均不能进行。（　　）

二、选择题

1. 机床的电气连接时，所有接线应（　　）。

    A. 连接可靠，不得松动　　　　　　B. 长度合适，不得松动

    C. 整齐，松紧适度　　　　　　　　D. 除锈，可以松动

2. 机床的电气连接时，元器件上端子的接线用剥线钳剪切出适当长度，剥出接线头，除锈，然后（　　），套上号码套管，接到接线端子上用螺钉拧紧即可。

    A. 镀锡　　　　　　　　　　　　　B. 测量长度

    C. 整理线头　　　　　　　　　　　D. 清理线头

3. CA6140型车床控制电路的电源是通过变压器（　　）引入到熔断器FU_2，经过串联在一起的热继电器FR_1和FR_2的辅助触点接到端子板6号线。

    A. TC　　　　　　　　　　　　　　B. KM

C. KT   D. SB

4. X62W 型万能铣床圆工作台回转运动调试时，主轴电机起动后，进给操作手柄打到零位置，并将 SA$_1$ 打到接通位置，M$_1$、M$_3$ 分别由（   ）和 KM$_3$ 吸合而得电运转。

     A. KM$_1$ B. KM$_2$

     C. KM$_3$ D. KM$_4$

5. MGB1420 型磨床控制回路电气故障检修时，中间继电器 KA$_2$ 不吸合，可能是开关（   ）接触不良或已损坏。

     A. SA$_1$ B. SA$_2$

     C. SA3   D. SA$_4$

三、简答题

1. CA6140 车床故障现象：通电指示灯 HL$_1$ 亮。按下主轴电动机起动按钮 SB$_2$，KM$_1$ 吸合，主轴电动机 M$_1$ 起动，主轴起动指示灯 HL$_1$ 亮。打开冷却泵电动机开关 QS$_2$，KM$_2$ 吸合，冷却泵指示灯 HL$_3$ 亮，冷却泵 M$_2$ 不起动。合上照明开关 SA，照明指示灯 EL 亮。按下刀架快速移动按钮 SB$_3$，刀架快速移动指示灯 HL$_2$ 亮，电动机 M$_3$ 起动。请分析该故障检测和排除过程。

2. X62W 铣床故障现象：照明及控制变压器没电，照明灯不亮，控制回路失效。请分析该故障检测和排除过程。

3. M7120 磨床故障现象：合上 QS$_1$，主轴电动机正反转均正常，按下启动按钮 SB$_3$，液压泵电动机 M$_1$ 有强烈的"嗡、嗡"声无法起动。其他控制回路正常。请分析该故障检测和排除过程。

4. Z3040 钻床故障现象：摇臂正常动作，但是夹不紧。其他控制回路正常。请分析该故障检测和排除过程。

项目 4　PLC 控制系统的设计与安装

[项目介绍]

本项目主要分任务介绍了可编程序控制器（PLC）的基本原理与基本的外围线路连接方式、基本指令和常用的编程方法，常见传感器装调的基本常识与方法，变频器的作用、功能与维护方法。

[能力目标]

1. 能正确分析系统的控制要求，根据实际情况进行系统软、硬件设计；
2. 能正确选择元器件型号，绘制接线原理图，按工艺要求规范接线；
3. 能熟练应用编程软件进行 PLC 软件程序设计；
4. 能够进行整机调试，并能根据现象进行故障排除。

[达成目标]

能根据要求完成 PLC 控制系统的设计、选型、硬件接线、调试与故障排除。

任务 4.1　三相异步电动机 Y - △减压起动控制系统

[任务引入]

可编程序控制器（PLC），是现代工业电气控制系统的核心。它的出现，极大地提高了生产效率，节约了工程成本，并且 PLC 本身具有灵活性高、体积小、线路简单、易于修改等诸多特点，在一定程度上不仅取代了传统的继电器控制系统，还可构成复杂的工业过程控制网络，是实现工业自动化的理想工具。因此，PLC 已经成为现代工业控制系统中的控制核心。

[知识链接]

知识链接 1　PLC 基本结构与应用

PLC 具备以下几点典型功能。

顺序控制功能：是 PLC 应用最广泛的领域，取代了传统继电器的顺序控制，如印刷机械、切纸机、组合机床、装配生产线、分拣生产线、包装生产线、电梯控制等。

程序控制：在工业生产中，有许多连续变化的量，例如温度、压力、流量、速度、电流电压等，这种模拟量可以通过 PLC 的 A/D 和 D/A 转换模块将模拟量控制应用于程序控制中。

数据处理与通信：PLC 内部具备四则运算指令和通信模块，可以很方便地对生产过程中产生的数据进行采集和处理、通信和传输。

PLC 虽然外观各异，但其硬件结构大体相同。整体式 PLC 的主机由 CPU、存储器、I/O 接口、电源和通信接口等几大部分组成；模块式 PLC 采用模块组合方式组成系统，主要由机架、CPU 模块、输入模块、输出模块、电源模块和功能模块等组成。

PLC 的硬件结构框图如图 4-1 所示。其主要硬件为 CPU、存储器、输入模块、输出模块和电源等，下面分别予以介绍。

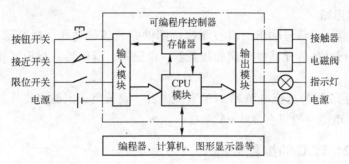

图 4-1　PLC 的硬件结构图

PLC 主要由 CPU、存储器、I/O 接口、电源和通信接口等几部分硬件构成。

1. 中央处理器（CPU）

CPU 是 PLC 的核心部件，可以把它理解成 PLC 的大脑，CPU 通过逻辑运算，进行数据的接收、指令的发出、数据的交换等。

2. 存储器

PLC 中存储器主要用于存放系统程序、用户程序和数据。

（1）系统存储器

系统存储器用来存储厂家自行编写的系统内部控制程序，指令翻译程序、系统诊断程序、通信管理程序等。此存储器的内容不能修改。

（2）用户存储器

用户存储器存放用户编写的控制程序，用以控制 PLC 按照工程需求进行工作。

（3）数据存储器

数据存储器用来存放输入、输出、辅助继电器、定时器、计数器、数据寄存器等数据。以备 PLC 本身或用户随时调取即时数据。

3. 输入接口电路

输入接口电路用于接收生产过程的各种参数，具备较强的抗干扰能力，同时能够满足工业现场各类信号的匹配要求。PLC 输入接口电路分为开关量输入接口电路和模拟量输入接口电路两大类。

（1）开关量输入接口电路

开关量输入接口电路用于将现场的开关量信号采集到 PLC 中。所谓开关量信号，即只有通/断特性的信号，或者信号为固定的数值。例如，按钮开关只有接通和断开两种状态，又如，旋转编码器的输入信号是固定的圈数。这些信号都可以理解为开关量信号。

典型的开关量输入包括来自现场的开关类低压电器，例如按钮开关、选择开关、限位开关、接近开关、光电开关、数字拨码开关、旋转编码器，以及继电器的触点等。

（2）模拟量输入接口电路

模拟量信号，指连续变化的信号，如温度、压力、流量等，无法采集到其准确的数值。通过模拟量输入接口电路，PLC 把现场连续变化的模拟信号转换成 PLC 需要的数字信号。

模拟量输入接口可接收标准的模拟电压或电流。现场模拟量被传感器和变送器转换为标准的电流或电压，通过 A/D 转换器将模拟量转换为数字量送入 PLC，PLC 对该数字量进行处理。

4. 输出接口电路

输出接口电路用于信号输出，以控制执行部件完成各种动作。执行部件是 PLC 的控制对象，是能够执行动作的元器件，例如接触器、电磁阀、继电器、指示灯和报警器等。

5. 电源

PLC 一般使用 220 V 交流电源和 24 V 直流电源。直流负载电源需要外部提供，因为 PLC 输出的直流 24 V 电源一般只有 200 mA 左右。

知识链接 2　PLC 的编程语言

PLC 的编程语言有很多种，主要包括梯形图、SFC、指令表、结构文本等。其中常用的编程方法包括梯形图和指令表。

1. 软继电器

学习 PLC 编程，首先要清楚的是"软继电器"这个概念。软继电器并不是实际存在的继电器，可以把它理解成集成在 PLC 内部的、具有继电器功能的一种虚拟的继电器。

通常 PLC 的软继电器有通道 I/O（输入/输出）、内部辅助继电器（M）、保持继电器（H）、特殊辅助继电器（A）、暂时存储继电器（TR）、定时器（T）、计数器（C）、数据寄存器（D）等。下面分别予以介绍。

（1）输入继电器（I）

输入继电器与 PLC 的输入端子相连，是外部信号进入 PLC 的入口。输入继电器与输入端子是一一对应的，即有多少个输入端子，就有多少个输入继电器。

输入端子用于连接外接输入设备，例如按钮、传感器、限位开关等。PLC 读取外部输入信号，存入寄存器中，当输入设备接通时存入"1"，断开时存入"0"。

软继电器的内部常开或常闭触点在梯形图中可以反复使用。但是如果要驱动输入继电器，则只能由外部触点来驱动，而不能由程序指令驱动，触点也不能直接驱动负载。

输入继电器元件编号为 8 进制，如三菱 FX_{2N} – 32MR – 001 型 PLC 共有 16 个输入继电器，编号分别为 X0 ~ X7、X10 ~ X17。

（2）输出继电器（O）

输出继电器是 PLC 向外部负载发出控制信号的出口，通过输出电路驱动外部负载。输出继电器与输出端子是一一对应的。

输出端子用于连接负载，如继电器、接触器、指示灯等。

输出继电器不能由外部信号直接驱动，只能由程序指令驱动。其对应的内部常开或常闭触点则可以在程序中反复使用。

三菱 FX$_{2N}$ 系列 PLC 的输出编号为 Y000 ~ Y267，共 184 点。如 FX$_{2N}$ – 32MR – 001 型 PLC 共有 16 个输出继电器，编号分别为 Y0 ~ Y7、Y10 ~ Y17。扩展单元和扩展模块的输出继电器编号，是从基本单元开始按连续顺序以 8 进制编号。

（3）定时器（T）

PLC 内部定时器的时钟脉冲周期有 1 ms、10 ms、100 ms 等不同种类，以满足工程中的不同需要。

定时器用常数作为设定值，设定值范围依定时器类型而定。定时器初始值为设定值，在时钟脉冲作用下进行减法计时。当定时器的条件为 ON 时，开始定时；当达到设定时间时，其触点动作；如果停电或定时器条件为 OFF，则原设定时间作废，当恢复电源或定时器条件为 ON 时，重新定时。

（4）计数器（C）

计数器的功能是对触点接通的次数进行统计。

计数脉冲每通断一次，计数器当前值根据计数器类型不同，加 1 或减 1；如果当前数值与设定数值一致，则计数器输出触点接通；当复位信号到来时，计数器当前值复位到设定值，其触点也复位；如果计数器未达到设定值，例如停电，或计数器条件为 OFF，则保持原来的计数状态，当恢复电源或计数器条件为 ON 时继续计数。

（5）内部辅助继电器（M）

内部辅助继电器既不能接收外部输入信号，也不能直接驱动外部负载，仅用于辅助编写程序。内部辅助继电器有一对常开/常闭触点，在梯形图中可以多次使用，能进行强制置位或复位。

内部辅助继电器没有断电保持功能，即断电后无论程序运行时是 ON 还是 OFF，都将变为 OFF。

2. PLC 的几种基本编程语言

PLC 作为工业控制计算机，采用软件编程逻辑代替传统硬件有线的逻辑实现控制。其编程语言是面向被控对象和面向操作者的，易于编程人员掌握。

（1）梯形图

梯形图是一种图形语言，沿用继电器控制中的触点、线圈、串联、并联等图形符号，同时也增加了部分图形符号。触点代表输入条件，如按钮、传感器、行程开关和限位开关以及内部条件等。线圈通常代表输出结果，用来控制指示灯、交流接触器、电磁阀和内部输出等。

它的特点是非常直观形象，如果具备继电器控制的基础知识，就非常容易接受和入门。它将 PLC 内部的各种编程元件（如输入继电器、输出继电器、内部继电器、定时器、计数器等）用特定的图形符号加以描述并赋予意义。如图 4-2a 所示是电动机连续动作控制电气图，图 4-2b 是它的梯形图。通常梯形图语言都作为 PLC 编程的第一语言。

梯形图编程具备以下特点和规则：

梯形图中的输入继电器、输出继电器、辅助继电器等不是真实存在的继电器，而是在软件中使用的编程元件。

梯形图的逻辑运算是按梯形图从上到下、从左到右的顺序进行的。

梯形图中各编程元件的同一常开触点或常闭触点均可以无限次使用。

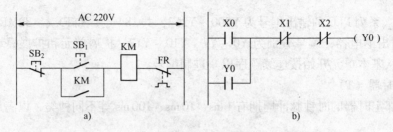

图 4-2 梯形图

a）继电器接线图 b）PLC 梯形图

梯形图中的输入触点只能由外部驱动，而不能由程序驱动；输出线圈只能由程序驱动，而不能由外部驱动。

（2）指令表

PLC 指令表语言与计算机汇编语言类似，均采用助记符表达式，由助记符组成的程序叫指令表程序，通常是由梯形图转化而成的机器语言。指令表程序相对难以阅读，其中的逻辑关系很难一眼看出，所以在设计时一般使用梯形图语言，编程软件会自动将梯形图语言转化成指令表。在用户程序存储器中，指令按步序号顺序排列。图 4-2b 的梯形图指令表程序如下：

步序	指令	操作数	注释
1	LD	X0	启动按钮
2	OR	Y0	接触器
3	ANDNOT	X1	停止按钮
4	ANDNOT	X2	热继电器
5	OUT	Y0	接触器
6	END		

3. PLC 程序的基本设计方法

PLC 程序的设计通常按照以下步骤来进行：

（1）根据生产工艺要求，分析控制系统的工作流程或者功能。

（2）根据设备的控制要求，安排输入输出设备、内部继电器等，同时进行 I/O 分配。即给每一个输入设备、输出设备、内部继电器等分配 PLC 编号，列出表格。

（3）通过电脑或编程器录入程序。

参照图 4-3 进行基本指令练习

步序	助记符	操作数	
0	LD	X0	
1	OR	Y0	
2	ANI	X1	
3	ANI	T0	
4	OUT	Y0	
5	OUT	T0	K6000

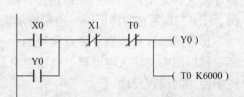

图 4-3 梯形图

功能：图 4-3 中 X0 为启动按钮，X1 为停止按钮，Y0 为输出线圈。T0 是非积算型定时器，其设

98

定值为 K6000。当按下起动按钮时，Y0 为 ON 并自锁，负载运行。同时，定时器 T0 开始定时，当达到设定值 K6000，即 10 min（$0.1 s \times 6000 = 600 s = 10 min$）时，常闭触点断开，Y0 变为 OFF，负载停止运行。在定时过程中的任何时刻按下 X1，负载都停止运行。

知识链接3　PLC 的程序录入方法

PLC 程序录入方法主要有两种，通过 PC 中安装的编程软件编写梯形图程序，由 RS232 或 RS485 通信电缆将程序下载至 PLC 中。或者使用编程器连接 PLC 进行下载。

手持编程器具有质量小、便于携带等特点，但是编程器只能进行指令表的编写，而无法绘制梯形图，因而操作复杂，通常只在现场程序的部分修改过程中使用；而随着科学技术的发展，笔记本电脑的普及与轻量化，手持编程器已经逐渐被淘汰。因此在本节中着重介绍编程软件的程序录入方法。

GX Developer 是三菱公司为 FX 系列 PLC 设计的编程和开发软件，GX Developer 是 SWOPC – FXGP/WIN – C 的升级版。它们的界面和帮助文件均已汉化，占用的存储空间少、功能强大，可以运行在 Windows 操作系统中。

1. 安装与起动

安装：装入 CD – ROM 安装盘，按照提示引导安装该软件。之后将 FXGP/WIN – C 和 GX Developer 图标拖至计算机桌面上。

起动与关闭：鼠标左键双击 FXGP/WIN – C 或 GX Developer 图标，可打开编程软件，打开 FXGP/WIN – C 界面如图 4-4 所示；执行菜单命令"文件"→"退出"或单击"关闭"按钮，将退出编程软件。下面以 FXGP/WIN – C 为例介绍编程软件的使用方法，GX Developer 的使用方法与 FXGP/WIN – C 类似。

图 4-4　SWOPC – FXGP/WIN – C 编程软件打开界面

建立新文件：执行菜单命令"文件"→"新建"或单击"新文件"按钮，可创建一个新的用户程序，在弹出窗口中选择 PLC 型号，如 FX_{2N}，单击"确认"键。如图 4-5 所示。

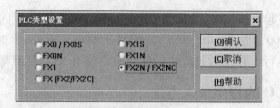

图 4-5 选择 PLC 类型

选择 PLC 类型后进入程序编制界面。

编程语言的选择：在程序编制界面，用鼠标左键单击"视图"菜单，在下拉菜单的"梯形图"、"指令表"和"SFC"三种语言中选择一种，例如，选择梯形图编程语言，即可进行梯形图的程序编制。如图 4-6 所示。

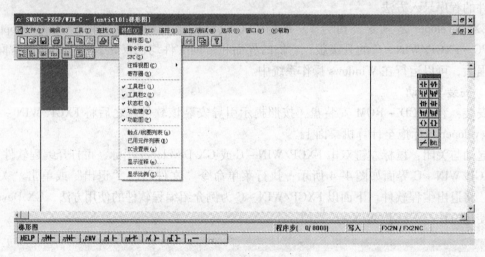

图 4-6 编程语言选择

2. 梯形图程序的录入与编辑

在程序编制界面下，通过"工具"下拉菜单的"触点"、"线圈"、"功能"、"连线"和工具条两种方法可以选择编程元件，录入梯形图程序。如图 4-7 所示。

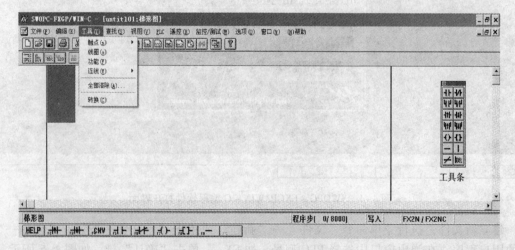

图 4-7 编程元件录入方法

以图4-8所示梯形图为例，说明梯形图的录入方法。

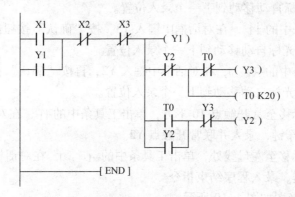

图4-8　基本指令录入

基本指令的录入方法如下：

（1）将蓝色光标放置于左上角。

（2）单击工具条中的┤├，弹出如图4-9所示的对话框，在对话框中键入X1，再按"确认"按钮或回车键，则录入常开触点X1。蓝色光标自动移动到下一个录入位置。

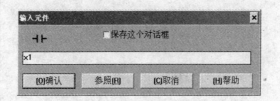

图4-9　输入元件对话框

（3）单击工具条中的┤╱├，在对话框中键入X2，再依次键入X3，按确认按钮或回车键，则录入串联常闭触点X2、X3。蓝色光标自动移动到下一个录入位置。

（4）单击工具条中的─（　），在对话框中键入Y1，再按"确认"按钮或回车键，则录入输出线圈Y1。蓝色光标自动移动到下一个录入位置。

（5）单击工具条中的┤├，在对话框中键入Y1，再按"确认"按钮或回车键，录入并联常开触点Y1。

（6）将蓝色光标移至X3和输出Y1之间，单击工具条中的│，画竖线。

（7）单击工具条中的┤╱├，在对话框中键入Y2，再依次键入T0，按"确认"按钮或回车键，则录入串联常闭触点Y2、T0。蓝色光标自动移动到下一个录入位置。

（8）单击工具条中的─（　），在对话框中键入Y3，再按"确认"按钮或回车键，则录入输出线圈Y1。蓝色光标自动移动到下一个录入位置。

（9）将蓝色光标移至Y2和输出T0之间，单击工具条中的│，画出竖线。

（10）单击工具条中的─（　），在对话框中键入T0 K20，再按"确认"按钮或回车键，则录入定时器T0。蓝色光标自动移动到下一个录入位置。

（11）将蓝色光标移至常闭触点Y2左侧，单击工具条中的│，画出竖线，再画一条竖线。

（12）单击工具条中的┤├，在对话框中键入 T0，再按"确认"按钮或回车键，则录入常开触点 T0。蓝色光标自动移动到下一个录入位置。

（13）单击工具条中的┤╱├，在对话框中键入 Y3，按"确认"按钮或回车键，则录入串联常闭触点 Y3。蓝色光标自动移动到下一个录入位置。

（14）单击工具条中的—（ ），在对话框中键入 Y2，再按"确认"按钮或回车键，则录入输出线圈 Y2。蓝色光标自动移动到下一个录入位置。

（15）将蓝色光标移至常开触点 T0 下方，单击工具条中的┤├，在对话框中键入 Y2，再按"确认"按钮或回车键，录入并联常开触点 Y2。

（16）将蓝色光标移至左母线处，单击工具条中的—[ ]，在对话框中键入 END，再按"确认"按钮或回车键，录入程序结束指令。

录入完成后的梯形图如图 4-10 所示。

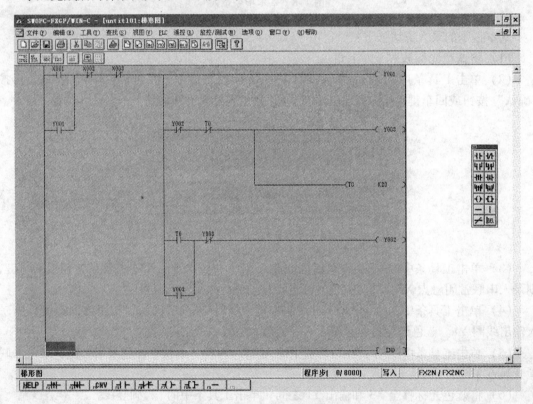

图 4-10　录入完成后的梯形图

梯形图录入完成后，通常需要进行程序检查。使用"选项"菜单下的"程序检查"菜单命令，将弹出程序检查对话框。

程序检查主要有三项检查。

（1）语法错误检查：主要检查指令代码及指令的格式是否有错误。

（2）双线圈检验：检查同一输出编程元件或输出指令的重复使用情况。

（3）电路错误检查：检查梯形图电路中的缺陷。

在梯形图方式执行"监控/测试"→"开始监控"菜单命令后，当编程元件的触点或线圈接通（ON）时，其触点或线圈上显示绿色方块，而计数器、定时器和数据寄存器的当前值显示在元件号的上面。当编程元件的触点或线圈断开（OFF）时，其触点或线圈上无任何显示，如图 4-11 所示。若停止监控，执行"监控/测试"→"停止监控"菜单命令即可。

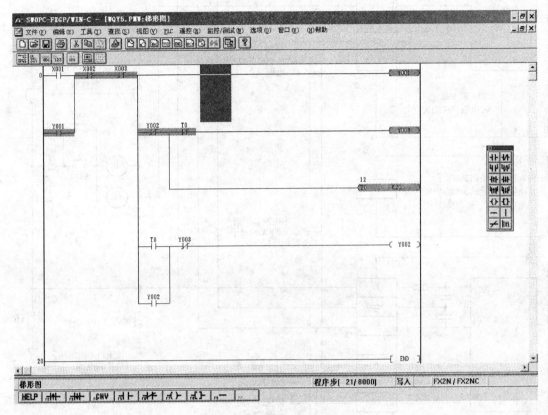

图 4-11　梯形图监控界面

由图 4-11 可以很容易确定各常开/常闭触点的 ON/OFF 状态。定时器 T0 上方的数字 12 代表定时器的当前值。

知识链接 4　PLC 外围接线方法

1. 电源连接方法

PLC 通常采用单相交流电源供电。接线时一定要分清端子上的"N"端（零线）和接地端。三菱 FX$_{2N}$ 系列 PLC 接线图如图 4-12 所示。

PLC 的供电线路要与其他大功率用电设备分开。采用隔离变压器为 PLC 供电，可以减少外界设备对 PLC 的影响。为了减少其他控制线路对 PLC 的干扰，PLC 的供电电源应单独从机顶进入控制柜中，不能与其他直流信号线、模拟信号线捆在一起走线。

PLC 的接地应有专用的地线，若做不到这一点，也必须做到与其他设备公共接地，禁止与其他设备串联接地，更不能通过水管、避雷线接地。PLC 的基本单元必须接地，如果有扩展单元，其接地点应与基本单元的接地点连接在一起。

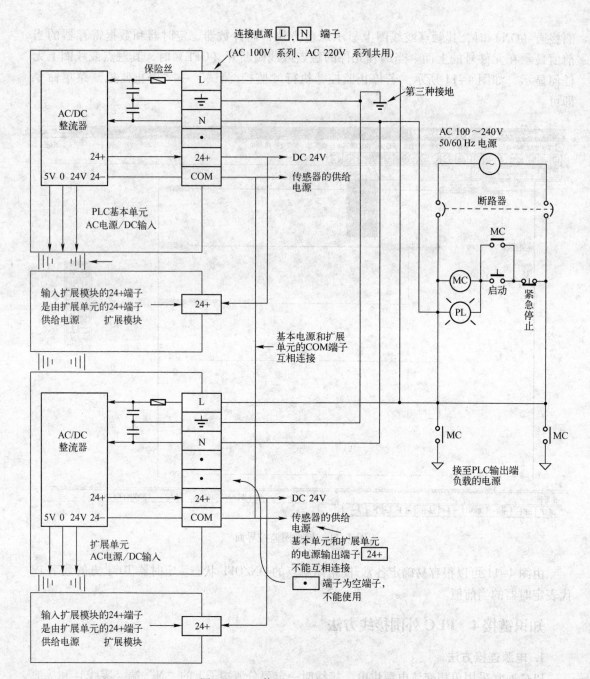

图 4-12 三菱 FX$_{2N}$ 系列 PLC 电源接线

2. 输入连接方法

三菱 FX$_{2N}$ 系列交流电源、直流输入信号型 PLC，输入端子和 COM 端子之间用电压触点或 NPN 开路集电极晶体管连接，就进入输入状态，这时指示输入的 LED 亮灯。三菱 FX$_{2N}$ 系列 PLC 输入信号的连接如图 4-13 所示。

PLC 的内部已将多个输入公共端连接好了，在使用时不必考虑，所以 PLC 的输入点连接一般采用汇点式（全部输入信号拥有一个公共点）。PLC 内部输入的一次电路和二次电路用光电耦合器绝缘，二次电路设有 *RC* 滤波器，这是为了防止混入触点的振动噪声和输入线的噪声而引起误动作。因此，输入信号的 OFF→ON、ON→OFF 变化在 PLC 的内部会产生约 10 ms 的响应滞后时间。

3. 输出连接方法

本部分内容以继电器输出型三菱 FX$_{2N}$ 系列 PLC 为例介绍输出接线。继电器输出型有 1 点、2 点、4 点和 8 点为 1 个公共点输出型。各个公共点组可以驱动不同电源电压等级和类型（如 AC 220V、AC 110V 和 DC 24V 等）的负载。输出点接线可以采用分组汇点式（每组输出信号共用一个公共点）和汇点式（全部输出共用一个公共点）。当输出信号所控制的全部负载电源电压等级和类型相同时，采用汇点式。当然，采用汇点式接线方式时要将全部输出公共点连接在一起。三菱 FX$_{2N}$ 系列 PLC 输出接线范例如图 4-14 所示。图中继电器 KA$_1$、KA$_2$ 和接触器 KM$_1$、KM$_2$ 线圈由 AC 220V 供电，电磁阀 YV$_1$、YV$_2$ 线圈由 DC 24V 供电，这样电磁阀与继电器和接触器便不能分在一组。而继电器和接触器为相同类型和等级电源，可以分在一组。如果一组安排不下，可以分为二组或多组，但这些组的公共点必须接在一起。

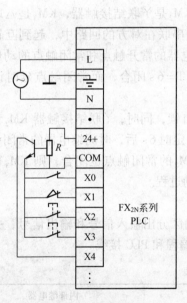

图 4-13　输入连接方法

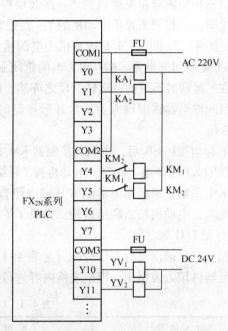

图 4-14　输出连接方法

利用输出继电器的触点，将 PLC 内部电路和负载电路进行电气绝缘，避免外部设备对 PLC 的干扰。另外，各公共点组之间也是相互隔离的。输出继电器的线圈得电时，LED 指示灯亮，表明有输出，输出继电器的触点为 ON。

（1）从输出继电器线圈通电或断电，到输出触点为 ON 或 OFF，其响应时间都约为 10 ms。对于 AC 250V 以下的电路电压，可以驱动纯电阻负载的输出电流为 2A/点，感性负载为 80 W 以下，灯负载为 100 W 以下。输出触点为 OFF 时无漏电流产生，可直接驱动氖光灯等。

（2）输出触点驱动直流感性负载时，需要并联续流二极管，否则会降低触点的寿命，并要把电源电压控制在直流 30 V 以下。选择续流二极管时，其反向耐压值应为负载电压的 10 倍以上，顺向电流应超过负载电流。如果是交流感性负载，应并联浪涌吸收器，这样会减少噪声。浪涌吸收器的电容选择为 0.1 μF，电阻选择为 100～200 Ω。

[任务实施]

常用的继电器控制电路都是经过成熟设计的电路，完全能够满足系统的控制要求，但是由于其占地面积比较大，硬件成本比较高，可以用 PLC 来取代。

三相笼型异步电动机全压起动时，起动电流是正常工作电流的 5～7 倍，当电动机功率较大时，很大的起动电流容易对电网造成冲击。为了限制电动机的起动电流，通常采用丫－△转换的方式来限制电动机的起动电流。

三相异步电动机丫－△减压起动控制要求如下：能够控制电动机的起动与停止；电动机起动时定子绕组联结呈丫，延时一段时间后，自动将绕组切换成△；具备必要的保护措施。

根据三相交流异步电动机的丫－△起动控制电路，设计 PLC 梯形图、指令表，并画出PLC 接线图。三相交流异步电动机的丫－△控制电路如图 4–15a 所示。

参见图 4–15a 图，KM_1 是电动机主电源接触器，KM_2 是丫联结接触器，KM_3 是△联结接触器，KT 是时间继电器。KM_2 和 KM_3 的常闭触点分别串联在对方的回路中，起到互锁的作用，即在丫运转时不可能△运转，反之亦然。时间继电器的常开触点和常闭触点的动作原理是，当时间继电器线圈得电后，常开触点延时设定值 $T = 6\,s$ 闭合，而常闭触点延时设定值 $T = 6\,s$ 断开。

按下起动按钮 SB_2 后，主电源接触器 KM_1 得电并自锁，同时，丫联结接触器 KM_2 和时间继电器线圈 KT 也得电。此时，电动机按丫联结运转。定时 6 s 后，时间继电器的常闭触点断开，则 KM_2 失电；时间继电器的常开触点闭合，且 KM_2 的常闭触点也闭合，则 KM_3 得电并自锁。此时，电动机按△联结运转，完成了丫－△起动过程。

1. 分配 I/O 表

根据电路原理图进行 I/O 分配（见表 4–1），正确区分出输入信号和输出信号，并将选择好的元器件填入表格中，根据表格内容进行后续的编程和 PLC 接线。

表 4–1　I/O 分配表

输入信号			输出信号			内部继电器		
名　　称	代号	地址	名　　称	代号	地址	名　　称	代号	地址
热继电器	FR	X0	主接触器	KM_1	Y1	时间继电器	KT	T0
停止按钮	SB_1	X1	丫接触器	KM_2	Y2			
起动按钮	SB_2	X2	△接触器	KM_3	Y3			

2. 编写梯形图程序

根据电气控制电路和 I/O 分配表，在原有继电器控制电路的基础上，将电气控制图改画成梯形图，如图 4–16 所示，PLC 接线图如图 4–15b 所示。指令表如下：

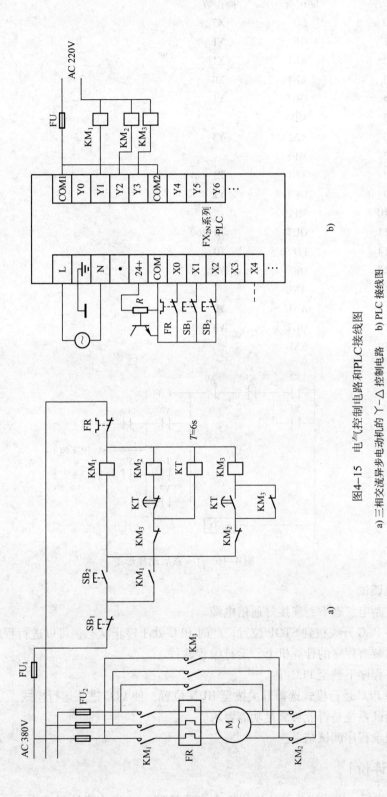

图4-15 电气控制电路和PLC接线图

a) 三相交流异步电动机的 丫-△ 控制电路 b) PLC 接线图

步序	助记符	操作数
0	LD	X2
1	OR	Y1
2	ANI	X1
3	ANI	X0
4	OUT	Y1
5	MPS	
6	ANI	Y3
7	MPS	
8	ANI	T0
9	OUT	Y2
10	MPP	
11	OUT	T0 K60
14	LD	T0
15	OR	Y3
16	ANB	
17	ANI	Y2
18	OUT	Y3
19	END	

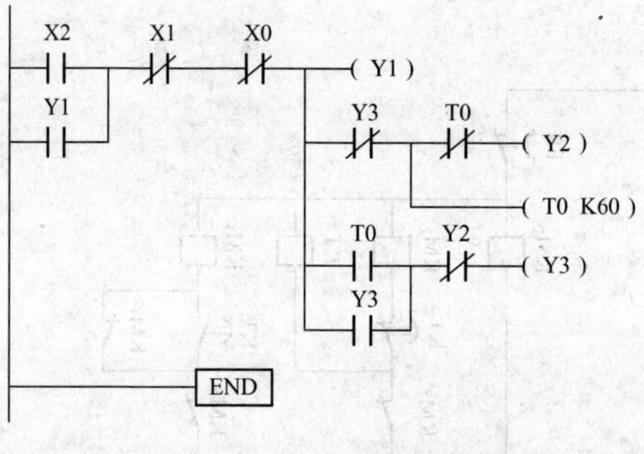

图4-16　Y-△启动梯形图

3. 系统调试

（1）在断电状态下，连接好通信电缆。

（2）将 PLC 开关拨到 STOP 位置，此时 PLC 处于停止状态，可以进行程序编写。

（3）在装有程序的计算机上，运行编程软件。

（4）将程序下载至 PLC 中。

（5）将 PLC 运行模式选择开关拨至 RUN 位置，使 PLC 进入运行模式。

（6）验证系统是否能够满足功能要求。

（7）记录程序调试结果。

[任务评价]

任务完成后，以小组为单位进行组内自我检测，并将检测结果填入表4-2中，对照评价表进行评价。

表 4-2　任务评价表

任务名称_____　评价日期_____年____月___日

第____组　第一负责人_____　参与人_____

评价内容	评分标准	扣分情况	配分 100 分	得分
I/O 选择	选错，一个扣 2 分，扣完为止		20	
梯形图程序	编写错误一处扣 2 分，扣完为止		30	
外围线路连接	连错一处扣 5 分；导线连接不规范一处扣 2 分；扣完为止		20	
端子连接	根据标准，连接不规范，一处扣 2 分，扣完为止		10	
系统调试	调试过程不规范，一处扣 2 分，扣完为止		10	
文明操作	工具使用不当，一次扣 3 分；违规操作，视情节严重程度，扣 5 ~ 10 分		10	

任务 4.2　送料小车控制系统

[任务引入]

用 PLC 实现小车自动往返循环控制，控制示意图如图 4-17 所示。图中，行程开关 SQ_1 为原位，SQ_3 为原位限位开关；SQ_2 为前进位，SQ_4 为前进位限位开关。

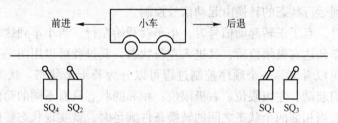

图 4-17　小车自动往返循环工作示意图

控制要求如下：1. 自动循环工作；2. 能手动控制；3. 能单循环运行；4. 小车前进、后退 1 次为 1 个工作循环，循环 6 次后自动停在原位置。

[知识链接]

知识链接　SFC 设计法

使用基本指令编制的梯形图虽然能够达到控制要求，但是也存在一定的局限，例如，工艺动作比较繁琐，梯形图设计的联锁关系负载，处理起来相对麻烦；可读性差，很难从梯形图看出具体的控制工艺过程。为此，人们设计了一种易于构思和理解的梯形图程序设计方法，它的特点是具备流程图的直观，又有利于复杂控制逻辑关系的分解与综合，这种程序叫做顺序功能图（SFC）。对于复杂的控制系统，特别是复杂的顺序控制系统，一般采用 SFC

编程方法。

这是一种位于其他编程语言之上的图形语言，用来编制顺序控制程序。顺序功能图提供了一种组织程序的图形方法，步、转换和动作是顺序功能图中的三种主要元件。顺序功能图用来扫描开关量控制系统的功能，根据它可以很容易地画出顺序控制梯形图程序。顺序功能图如图 4-18 所示，对应的梯形图和指令表如图 4-19 所示。

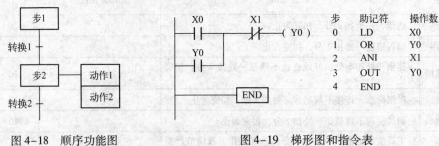

图 4-18　顺序功能图　　　　　　　图 4-19　梯形图和指令表

用经验设计法设计梯形图时，没有一套固定的方法和步骤可循，具有很大的试探性和随意性，不是一种通用的容易掌握的设计方法。

所谓顺序控制，就是按照生产工艺预先规定的顺序，在各个输入信号的作用下，根据内部状态和时间的顺序，生产过程中的各个机构自动地、有秩序地进行操作。

顺序控制设计法设计步骤是，根据系统控制工艺要求，画出顺序控制功能图，再根据顺序控制功能图画出梯形图。SWOPC-FXGP/WIN-C 编程软件和 GX Develop 开发软件提供了顺序控制功能图（SFC）语言，在生成顺序控制功能图后，可自动转换成梯形图程序。

本任务中的送料小车自动往复循环控制过程可以描述为初始状态、左行状态、右行状态。从初始状态到运行状态的转换由起动信号控制。

小车在原位时，有了正转起动信号时，小车就开始左行。当小车到达左极限位后，转入右行状态；当小车到达右极限位后，又进入左行状态。其过程可以用图 4-20a 来描述。

由图 4-20a 可以看出，一个顺序控制过程可以分为若干个状态。状态与状态之间由转换分隔，如图中的起动、左极限位、右极限位；相邻的状态具有不同的动作，如图中的小车左行、小车右行；当相邻两个状态之间的转换条件满足时，就实现状态转换，即上一个状态动作结束，下一个状态动作开始。如图中，当按下起动按钮时，转换条件满足，就由初始状态转换为左行状态等。

如果用 S0 表示小车初始状态、S20 和 S21 分别表示小车左行与右行状态，起动、左极限位、右极限位输入信号由 PLC 的 X2、X4 和 X5 提供；小车左行、右行输出信号由 PLC 的 Y1 和 Y2 提供，则可得顺序功能图如图 4-20b 所示。初始状态用双线方框表示。

在图 4-20b 中，方框内是状态元件号，状态之间用有向线段连接。其中，从上到下，从左到右的箭头可以省去不画。有向线段上的横短线和它旁边标注的文字符号或逻辑表达式表示状态转换条件。旁边的线圈是输出信号。

图中，当小车停在原始位置时，初始位置状态 S0 有效。此时，按下启动按钮 X2，状态就由 S0 转换为 S20，输出 Y1 线圈得电，小车左行；当达到左极限位时，转换条件 X4 接通，状态由 S20 转换为 S21，这时输出线圈 Y1 失电，Y2 得电，小车右行；当达到右极限位时，转换条件 X5 接通，状态由 S21 转换为 S20，又进入下一个循环。

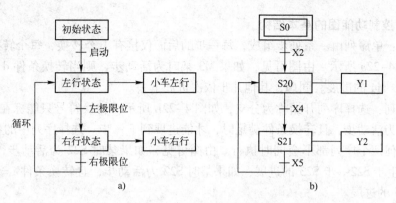

图 4-20　小车往复循环控制

a) 框图　b) 顺序控制功能图

1. 步与动作

步：顺序控制设计法是将系统的一个工作周期划分为若干个顺序相连的阶段，这些阶段称为步，可以用编程元件（如辅助继电器 M、状态继电器 S）来代表各步。例如在小车往复循环控制中，一个工作周期可以分为三步：初始步、左行步和右行步，分别用 S0、S20 和 S21 来代表，或用 M0、M1 和 M2 来代表。

初始步：与系统初始状态对应的步称为初始步。初始状态一般是系统等待起动命令的相对静止状态。初始步用双线表示，每个顺序功能图至少有一初始步。

活动步：当系统正处于某一步时，该步处于活动状态，称该步为活动步。步处于活动状态时，相应的动作被执行；处于不活动状态时，相应的非存储性动作被停止。例如，存储性命令"打开 1 号阀并保持"，是指该步为活动步时打开 1 号阀，该步为非活动步时 1 号阀仍打开；而非存储性命令"打开 1 号阀"，是指该步为活动步时打开 1 号阀，该步为非活动步时关闭 1 号阀。

多动作表示：如果某一步有几个动作，可以用图 4-21 中的两种画法来表示，两个动作没有顺序之分。

图 4-21　多个动作表示法

2. 有向连线与转换条件

有向连线：顺序功能图中各步之间的连线叫有向连线或线段。步的活动方向是自左至右，自上而下，这两个方向上的箭头可以省略；如果不是这两个方向，应标注箭头；如果连线必须中断，在中断处应注明下一步的标号。

转换：有向连线上的短横线表示转换，转换将相邻两步分隔开。步的活动是由转换的实现来完成的。

转换条件：标注在短横线旁边的文字是转换条件，如图 4-20b 中的 X2、X4 和 X5，表示条件满足时，将由现行步转换为下一步。

3. 顺序控制功能图的基本结构

单序列：单序列由一系列步组成，每一步的后面仅接有 1 个转换，每个转换后面只有 1 个步，如图 4-22a 所示。由图可见，如果 M3 某时为活动步，则当转换条件 d = 1 时，就发生步 M3→步 M4 的进展。同理，其他几步依次进展下去。

选择序列：选择序列开始称为分支，如图 4-22b 所示。转换符号只能标在水平线之下。只有在分支为活动步，且转换条件满足时，才能进展到下一步。选择序列中的各序列是相互排斥的，任何两个序列都不会同时执行。由图可见，如果某时 S22 为活动步，且转换条件 f = 1，将发生步 S22→步 S23 的进展；如果某时 S22 为活动步，且转换条件 i = 1，则发生步 S22→步 S25 的进展。

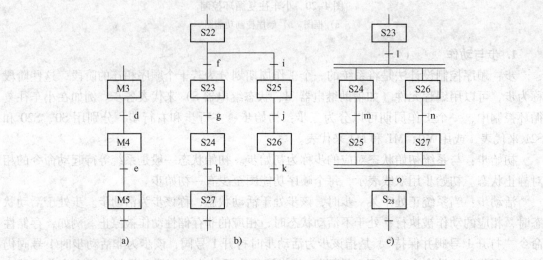

图 4-22 顺序控制功能图基本结构

a）单序列　b）选择序列　c）并行序列

选择序列结束称为合并。转换符号只能在水平线之上。当某序列为活动步，且转换条件满足时，则进展到合并步。由图可见，如果某时 S24 为活动步，且转换条件 h = 1，将发生步 S24→步 S27 的进展；如果某时 S24 为活动步，且转换条件 k = 1，则发生步 S26→步 S27 的进展。

并列序列：并行序列开始称为分支，如图 4-22c，当转换的实现导致几个序列同时激活时，这些序列称为并行序列。为了强调转换的同步实现，水平连线用双线表示。每个序列中活动步的进展将是独立的。在表示同步的水平双线之上，只允许有一个转换符号。由图可见，如果某时 S23 为活动步，且转换条件 l = 1，则步 S24 和步 S26 同时变为活动步，而步 S3 变为不活动步。由此可见，双横线代表了同时变为活动步。

并行序列的结束称为合并，如图 4-22c，在表示同步的水平线之下，只允许有一个转换符号。由图可见，仅当步 S25 和步 S27 同时变为活动步时，且转换条件 o = 1，才会发生步 S25 和步 S27 到步 S28 的进展，而步 S25 和步 S27 同时变为不活动步。

在每个分支点，最多允许有 8 条支路，每条支路的步数不受限制。

【例 4-1】试采用 SFC 设计方法设计如图 4-23a 所示运料小车自动循环控制的梯形图程序，4-23b 图为其工作循环图。控制要求如下：

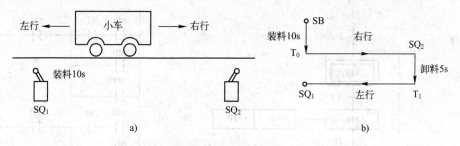

图 4-23 运料小车状态示意图和工作循环图

a) 运料小车状态示意图　b) 工作循环图

（1）运料小车的初始位置停在左边，限位开关 SQ_1 为 ON；

（2）当按下起动按钮 SB 后，装料电磁铁得电吸合，开始装料，装料时间 10 s；

（3）延时 10 s 后，右行接触器 KM_1 得电，小车右行；

（4）到达右极限位置时，SQ_2 动作，停止右行，卸料电磁铁（YV_2）得电，开始卸料，卸料时间 5 s；

（5）延时 5 s 后，左行接触器 KM_2 得电，小车左行，到达左极限位置，SQ_1 动作，完成一个循环。

【解答】：

（1）进行 I/O 分配

1）根据控制要求绘制 SFC 图。由工作循环图可见，这是一个单序列 SFC 图。

2）工作循环划分：预备、装料、右行、卸料、左行；

3）状态继电器分配：预备 M0、装料 M1、右行 M2、卸料 M3、左行 M4；

4）转换条件确定：M0→M1：SB（X0）；M1→M2：T_1（T0）；M2→M3：SQ_2（X2）；M3→M4：T_2（T1）；M4→M0：SQ_1（X1）。

5）输出确定：M0 状态：无输出；M1 状态：装料和定时，有输出 Y3 和定时器 T0；M2 状态：右行，有输出 Y1；M3 状态：卸料和定时，有输出 Y4 和定时器 T1；M4 状态：左行，有输出 Y2。

确定 I/O 分配表，见表 4-3。

表 4-3　I/O 分配表

输入信号			输出信号			内部继电器		
名　称	代号	地址	名　称	代号	地址	名　称	代号	地址
起动按钮	SB	X0	右行接触器	KM_1	Y1	装料定时器	KT_1	T0
左限位开关	SQ_1	X1	左行接触器	KM_2	Y2	卸料定时器	KT_2	T1
右限位开关	SQ_2	X2	装料电磁铁	YV_1	Y3			
			卸料电磁铁	YV_2	Y4			

（2）设计程序，根据上述分析，可画出 SFC 图如图 4-24a 所示。根据 SFC 图可以转换为梯形图，如图 4-24b 所示。根据梯形图可以写出指令表。

（3）绘制 PLC 接线图，如图 4-24c 所示。

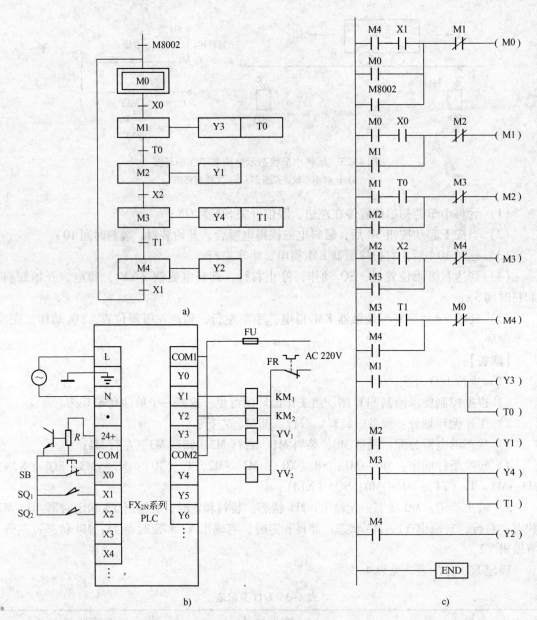

图 4-24 运料小车控制

a）SFC 图　b）接线图　c）梯形图

[任务实施]

1. 程序设计思路

小车进前、后退由电动机拖动，可以采用电动机的正、反转控制的基本程序；

手动和自动控制：选用 SA$_1$ 选择开关来转换。设 SA$_1$ 闭合时为手动状态，断开时为自动状态；

单循环工作和多次循环工作：选用 SA$_2$ 选择开关来转换。设 SA$_2$ 闭合时为单循环工作状态，断开时为多次循环工作状态；

多次循环工作的循环次数可由计数器控制。

2. 分配 I/O 地址

编写现场信号与 PLC 的 I/O 点编号对照表，见表4-4。

表4-4　I/O 分配表

输 入 信 号			输 出 信 号			内 部 继 电 器		
名　　称	代号	地址	名　　称	代号	地址	名　　称	代号	地址
热继电器	FR	X0	正转接触器	KM_1	Y1	计数器	C	C0
停止按钮	SB_1	X1	反转接触器	KM_2	Y2			
正转启动按钮	SB_2	X2						
反转启动按钮	SB_3	X3						
手/自动开关	SA_1	X4						
单/多次循环开关	SA_2	X5						
行程开关	SQ_1	X6						
行程开关	SQ_2	X7						
行程开关	SQ_3	X10						
行程开关	SQ_4	X11						

3. 设计梯形图

（1）基本控制程序

小车由电动机拖动前进与后退，这样，利用电动机正、反转控制程序就可以设计出梯形图，如图4-25所示。程序中包括了正转起动按钮 X2、反转起动按钮 X3；停止按钮 X1；正转接触器 Y1 及自锁和互锁、反转接触器 Y2 及自锁和互锁；以及过载保护环节 X0。

（2）自动往返控制程序

小车前进至行程开关 SQ_2 处，SQ_2 动作使小车由前进变为后退。这样 X7 的常闭触点要断开 Y1 线圈，X7 的常开触点要接通 Y2 线圈；同理，当小车后退至行程开关 SQ_1 处，SQ_1 动作使小车由后退变为前进。这样 X6 的常闭触点要断开 Y2 线圈，X6 的常开触点要接通 Y1 线圈，如图4-26所示。

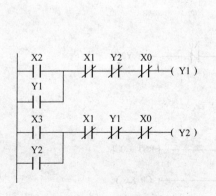

图4-25　基本控制程序

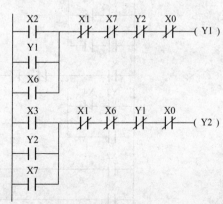

图4-26　自动往返控制程序

（3）手动控制程序

如果图 4-26 梯形图中的输出线圈 Y1 和 Y2 线圈失去自锁，就能实现手动控制。由于 SA₁ 闭合时为手动状态，所以将 X4 的常闭触点串联到 Y1 和 Y2 的自锁回路中，就能实现手动控制。如图 4-27 所示。

（4）单循环控制程序

当小车前进到 SQ₂ 处又退回到原位 SQ₁ 处时，使 Y1 线圈不再得电，小车不前进，就完成了单循环控制。由于 SA₂ 闭合时为单循环工作状态，所以将 X5 的常闭触点串联到 X6 的常开触点回路中，即可完成单循环控制。如图 4-28 所示。

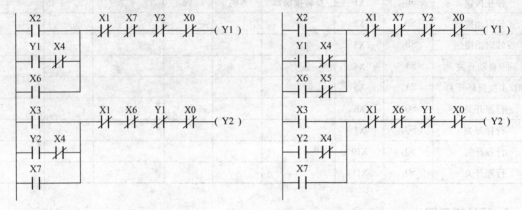

图 4-27　手动控制程序　　　　　　　　图 4-28　单循环控制程序

（5）循环计数控制程序

计数器的脉冲由 X6（SQ₁）提供，在自动运行时，小车每撞到 SQ₁ 一次就完成了 1 次循环。计数器使用 C0，当 C0 的计数 CP 输入后，完成 6 次工作循环，小车停在原位。为了使小车停在原位，可以将 C0 的常闭触点串接在 Y1 线圈的回路中，当达到计数设定值，C0 的常闭触点断开，使 Y1 失电。为了使计数器在小车起动时清零，可以使用正转起动信号 X2 使 C0 复位。如图 4-29 所示。

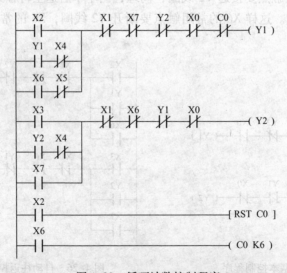

图 4-29　循环计数控制程序

（6）保护环节程序

SQ$_3$和SQ$_4$分别为原位和前进位限位保护行程开关。当SQ$_4$被压合，表示前进出了故障，Y1线圈必须断电；当SQ$_3$被压合，表示后退出了故障，Y2线圈必须断电。为了达到保护目的，可以将X10的常闭触点串接在Y2回路中，将X11的常闭触点串接在Y1回路中。完整的梯形图如图4-30所示。PLC接线图如图4-31所示。

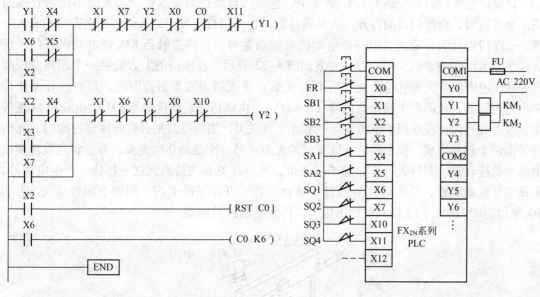

图4-30　加入保护环节的完整程序　　　　图4-31　PLC接线图

[任务评价]

任务完成后，以小组为单位进行组内自我检测，并将检测结果填入表4-5中，对照评价表进行评价。

表4-5　任务评价表

任务名称＿＿＿＿＿＿＿＿＿＿＿＿＿＿＿＿＿＿＿＿＿＿＿＿　评价日期＿＿＿＿＿年＿＿月＿＿日

第＿＿组　第一负责人＿＿＿＿＿　参与人＿＿＿＿＿＿＿＿＿＿＿＿＿＿＿＿＿＿＿＿＿＿＿

评价内容	评分标准	扣分情况	配分100分	得分
I/O选择	选错，一个扣2分，扣完为止		20	
梯形图程序	编写错误一处扣2分，扣完为止		30	
外围线路连接	连错一处扣5分；导线连接不规范一处扣2分，扣完为止		20	
端子连接	根据标准，连接不规范，一处扣2分，扣完为止		10	
系统调试	调试过程不规范，一处扣2分，扣完为止		10	
文明操作	工具使用不当，一次扣3分；违规操作，视情节严重，扣5～10分		10	

任务 4.3 自动门门禁控制系统

[任务引入]

试设计仓库门自动控制 PLC 控制程序。仓库门自动控制要求是，当人或车接近仓库门的某个区域时，仓库门自动打开，人车通过后，仓库门自动关闭，从而实现仓库门的无人管理。仓库门设计为卷帘式，用一台电动机来拖动卷帘。正转接触器 KM₁ 使电动机开门，反转接触器 KM₂ 使电动机关门，设计方案如图 4-32 所示。在库门的上方安装一个超声波探测开关 A。超声波开关发射超声波，当来人（车）进入超声波发射范围时，超声波开关便检测出超声回波，从而产生输出电信号（A = ON），由该信号起动接触器 KM₁，电动机 M 正转使卷帘上升开门。在库门的下方安装一套光电开关 B，用以检测是否有物体穿过库门。光电开关由两个部件组成，一个是能连续发光的光源；另一个是能接收光束，并能将光束转换成电脉冲的接收器。若行人（车）遮断了光束，光电开关 B 便检测到这一物体，产生电脉冲，由该信号起动 KM₂，使电动机 M 反转，从而使卷帘开始下降关门。用两个限位开关 SQ₁ 和 SQ₂ 来检测库门的开门上限和关门下限，以停止电动机的转动。

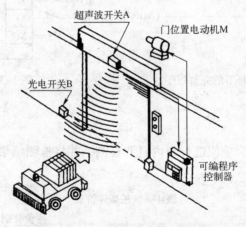

图 4-32　仓库门自动开闭控制系统

[知识链接]

知识链接　常用传感器

1. 接近传感器

接近传感器，是代替限位开关等接触式检测方式，以不接触检测对象进行检测为目的的传感器的总称。常用的接近传感器包括检测金属存在的感应型接近传感器、检测金属及非金属物体存在的静电容量型接近传感器、利用磁力产生的直流磁场的磁力传感器等。

2. 电容式传感器

电容式传感器是接近传感器的一种，全称静电容量型传感器，能将检测对象的移动信息和存在信息转换成电气信号。对检测对象的物理性质变化进行检测，几乎不受物体表面颜色影响。可检测金属与非金属物体的存在与否。属于非接触式传感器。电容传感器的外观见图4-33。

电容式传感器对检测体与传感器之间产生的静电容量变化进行检测。容量大小根据检测物体的大小和距离而变化。一般的静电容量型接近传感器，是对像电容器一样平行配置的两块平行板的容量进行检测，平行板的两侧分别作为被测定物和传感器的检测面。对这两极形成的静电容量变化进行检测。可检测物体根据检测对象的不同，感应率也有所变化；不仅金属，也可以对树脂、水等进行检测。

3. 电感传感器

电感式传感器是接近传感器的一种，全称感应型接近传感器。能将检测对象的移动信息和存在信息转换成电气信号，可检测金属物体的存在与否。它属于非接触式传感器，一般检测金属等导体。电感传感器的外观见图4-34。

| a) | b) | a) | b) |

图4-33　电容传感器外观　　　　　图4-34　电感传感器外观

电感式传感器通过外部磁场影响，检测在导体表面产生的涡电流引起的磁性损耗。传感器检测时在检测线圈内产生交流磁场，并对导体产生的涡电流引起的阻抗变化进行检测。

4. 光电传感器

光电传感器是利用光的各种性质，检测物体的有无和表面状态的变化等的传感器，常见的光电传感器如图4-35所示。

图4-35　光电传感器外观

光电传感器具备以下特点：

（1）检测距离长

能实现其他检测手段（磁性、超声波等）无法达到的长距离检测。

（2）对检测物体的限制少

由于以检测物体引起的遮光和反射为检测对象，所以不像接近传感器等将检测物体限定在金属，它可对玻璃、塑料、木材、液体等几乎所有物体进行检测。

（3）响应时间短

光本身为高速传播，并且传感器的电路都由电子零件构成，所以不包含机械性工作时间，响应时间非常短。

（4）分辨率高

能通过高级设计技术使投光光束集中为小光点，或通过构造特殊的受光光学系统，来实现高分辨率。也可进行微小物体的检测和高精度的位置检测。

（5）可实现颜色判别

根据被投光的光线波长通过检测光照在物体上的反射率和吸收率与检测物体的颜色组合有所差异，利用这种性质，可对检测物体的颜色进行检测。

5. 旋转编码器

旋转编码器是用来测量转速的装置，外形如图 4-36 所示。

光电式旋转编码器通过光电转换，可将输出轴的角位移、角速度等机械量转换成相应的电脉冲以数字量输出。根据信号原理可划分为增量式旋转编码器和绝对式旋转编码器。

增量式编码器是将位移转换成周期性的电信号，再把这个电信号转换成计数脉冲，用脉冲的个数表示位移的大小。

图 4-36　旋转编码器外形

绝对式编码器的每一个位置对应一个确定的数字码，因此它的示值只与测量的起始和终止位置有关，而与测量的中间过程无关。

不同型号的编码器能发出不同的脉冲信号，有的旋转编码器产生单相脉冲，有的旋转编码器能产生两路相位差为 90° 的脉冲信号，有的还能产生一个复位 Z 信号。

［任务实施］

1. 分配 I/O 地址（见表 4-6）

表 4-6　I/O 分配表

输　入　信　号			输　出　信　号		
名　　称	代号	地址	名　　称	代号	地址
热继电器	FR	X0	正转接触器	KM_1	Y1
超声波开关	A	X1	反转接触器	KM_2	Y2
光电开关	B	X2			
开门上限开关	SQ_1	X3			
关门下限开关	SQ_2	X4			

2. 设计梯形图

（1）根据控制对象设计基本控制环节

仓库门由电动机拖动开门和关门，这样利用电动机正、反转基本控制程序便可以设计出梯形图，如图 4-37 所示。图中，当 X1 为 ON 时，使 Y1 为 ON，电动机正转，门上升；当 X2 为 ON 时，使 Y2 为 ON，电动机反转，门下降。X0 是热继电器。

（2）联锁

由于电动机需要正、反转，因此需要软件联锁措施，图中，Y1 和 Y2 的常闭触点串联在对方的回路中，即可实现软件联锁。

（3）门达到极限位置的控制

当开门达到最高位置、关门达到最低位置时，需要电动机停止运转，使用开门上限开关

SQ_1和关门下限开关 SQ_2 来完成此控制。

（4）车过关门检测控制

当车身太长的车辆通过时，车辆还没完全进入库内，或者车辆停在门口不动，门已开始下降，形成卡车现象。为了解决这个问题，应在光电开关 B 的下降沿才开始关门，因此，要对上述程序进行修改，使用下降沿指令 LPF 可以完成此控制，以使车尾通过门后，再起动关门程序。程序中使用了内部辅助继电器 M0。最终梯形图如图 4-38 所示。

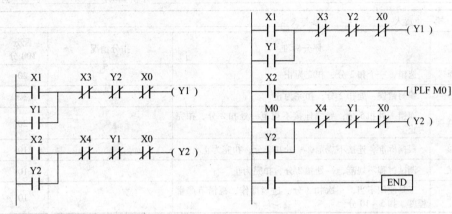

图 4-37　门上下限位控制　　　　图 4-38　仓库门自动控制梯形图

3. 现场调试

超声开关发射的超声波以什么角度射向地面，由现场调试时决定。当超声波开关接收到回波信号时，触点 X1 闭合，Y1 为 ON，正转接触器 KM_1 得电，库门上升至上限位开关 SQ_1 时，常闭触点 X3 断开，库门停止上升，门被打开。人车通过时，在光电脉冲的下降沿，触点 X2 闭合，Y2 为 ON，反转接触器 KM_2 得电，库门开始关闭，至下限位开关 SQ_2 时，常闭触点 X4 断开，电动机停止，库门被关闭。

PLC 接线图如图 4-39 所示。

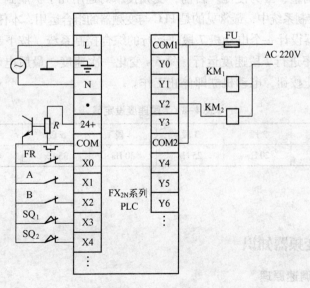

图 4-39　PLC 接线图

任务完成后，以小组为单位进行组内自我检测，并将检测结果填入表 4–7 中，对照评价表进行评价。

表 4–7　任务评价表

任务名称_____ 评价日期_____年____月____日

第____组　第一负责人_____　参与人_____

评价内容	评分标准	扣分情况	配分100 分	得分
I/O 选择	选错，一个扣 2 分，扣完为止		20	
梯形图程序	编写错误一处扣 2 分，扣完为止		30	
外围线路连接	连错一处扣 5 分；导线连接不规范一处扣 2 分，扣完为止		20	
端子连接	根据标准，连接不规范，一处扣 2 分，扣完为止		10	
系统调试	调试过程不规范，一处扣 2 分，扣完为止		10	
文明操作	工具使用不当，一次扣 3 分；违规操作，视情节严重程度，扣 5～10 分		10	

任务 4.4　基于 PLC 的多段速控制系统

[任务引入]

现代工业生产中，在不同的场合下，时常要求生产机械采用不同的速度进行工作，以保证生产机械能够合理运行。一般通过调速来改变电动机的运行速度。而三相异步电动机的转速通过变频技术来调整，最为便捷。目前，变频技术的运用几乎扩展到工业的所有领域。

在工业自动化控制系统中，最常见的是 PLC 与变频器的组合运用，本任务的控制要求如下：

用 PLC、变频器设计一个电动机 7 段速运行的综合控制系统，按下起动按钮，电动机以表 4–8 中设置的频率进行 7 段速度运行，每 5 s 变化一次速度，最后电动机以 45 Hz 的频率稳定运行；按下停止按钮，电动机立即停止工作。

表 4–8　7 段速度设定值

速度段	1 段	2 段	3 段	4 段	5 段	6 段	7 段
设定值	10 Hz	20 Hz	25 Hz	30 Hz	35 Hz	40 Hz	45 Hz

[知识链接]

知识链接　变频器知识

1. 变频器基本调速原理

变频器是利用电子半导体器件的通断作用将工频电源变换为另一频率的电能控制装置。

它的主电路都采用交 - 直 - 交电路。

从理论上我们可知，电动机的转速 n 与供电频率 f 有以下关系：

$$n = n_0(1 - S) = 60f/p(1 - S)$$

式中　p——电机极数；

　　　S——转差率。

可知转速 n 与频率 f 成正比，如果不改变电动机的极数，只要改变频率 f 即可改变电动机的转速，当频率 f 在 $0 \sim 50\,Hz$ 的范围内变化时，电动机转速调节范围非常宽。变频器就是通过改变电动机电源频率实现速度调节的，是一种理想的高效率、高性能的调速手段。

2. 变频器的结构

变频器主要由主电路（整流器、中间直流环节、逆变器）和控制电路构成。整流器将电网的交流整流成直流；逆变器通过三相桥式逆变电路将直流电机转换成任意频率的三相电流；中间环节又称中间储能环节，由于变频器的负载一般为电动机，属于感性负载，运行过程中中间直流环节和电动机之间会有无功功率交换，这种无功功率将由中间环节的储能元件来缓冲；控制电路主要完成对逆变器的开关控制、对整流器的电压控制及完成各种其他保护功能。

3. 变频器操作面板

三菱 FR - E700 系列变频器外观如图 4-40 所示。操作面板外形如图 4-41 所示。面板按键和功能分别如表 4-9、表 4-10 所示。

图 4-40　变频器外观示意图

图 4-41　变频器面板外形图

表 4-9　操作面板按键功能

按　　键	说　　明
MODE	选择操作模式或设定模式
SET	确定频率或参数
RUN	启动指令（根据 Pr40 的设定可选择转向）
STOP/REST	停止运行/报警复位
PU/EXT	运行模式切换（面板模式/外部模式）

表 4-10　操作面板的显示功能

显　　示	说　　明
Hz	显示频率时点亮
A	显示电流时点亮
V	显示电压时点亮
MON	监视模式时点亮

显　　示	说　　明
PU	面板操作模式时点亮
EXT	外部操作模式时点亮
RUN	运行时点亮
PRM	参数设置时点亮

4. 操作面板使用

（1）操作方式

通过操作面板可以进行监控模式改变、设定频率与参数等操作。下面介绍几种常见的操作方法。

1）PU 模式：按 MODE 按键可以改变 PU 工作模式。

2）监视模式：在监视模式下可按下 SET 按键改变监视类型。监视显示可以在运行中改变。

3）频率设定模式：在此模式下可以进行频率的设定与改变。

4）参数设定模式：可以在参数设定模式下改变参数号以及参数设定值。

（2）操作面板与外部信号组合控制

外部端子控制电动机起停，通过操作面板 PU 设定运行频率 Pr79 = 3。

当需要操作面板与外部信号组合控制变频器连续运行时，设定 Pr79 = 3，EXT 和 PU 指示灯点亮。此时可用外部端子 STR 或 STF 控制电动机起停，用操作面板设定运行频率。

设定 Pr79 = 4，EXT 和 PU 指示灯点亮，此时可按操作面板上的 RUN 和 STOP 按键控制电动机起动与停止；调节外部电位器 RP，可以改变运行频率。

5. 多段速运行

变频器可以在 3 段（P4 - P6）或 7 段（P4 - P6 和 P24 - P27）速度下运行，其运行频率分别由参数 P4 - P6 和 P24 - P27 来进行设定，由外部端子控制变频器实际运行在哪一段速度。图 4-42 所示为 7 段速对应的端子示意图。

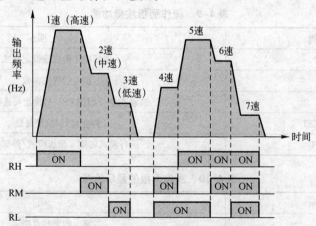

图 4-42　7 段速对应端子示意图

6. 外部端子接线

三菱 FR - E700 系列变频器电路接线端子如图 4-43 所示。

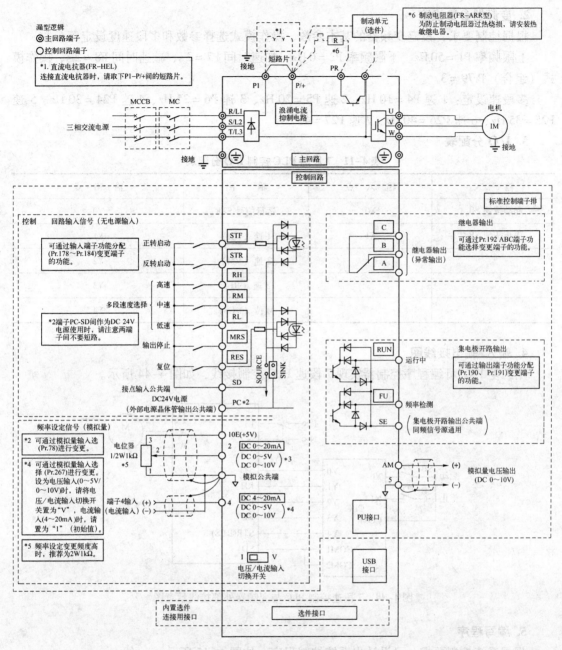

图 4-43　FR-E700 变频器接线端子图

[任务实施]

1. 设计思路

电动机的 7 段速运行可以采用变频器的多段速来控制，变频器的多段速运行信号由 PLC 输出端子来提供，即通过 PLC 控制变频器的 RL、RM、RH、STR、STF、SD 端子的通断。将 Pr79 设为 3，采用面板操作与外部信号的组合控制，用操作面板 PU 设定运行频率，用外部端子控制电动机的起动与停止。

2. 变频器参数设定

根据控制要求，设定变频器的基本参数、操作模式选择参数和多段速度设定等参数。

上限频率 P1 = 50 Hz、下限频率 P2 = 0 Hz、加速时间 P7 = 2 s、减速时间 P8 = 2 s、操作模式（组合）Pr79 = 3。

多段速设定：1 速 P4 = 10 Hz、2 速 P5 = 20 Hz、3 速 P6 = 25 Hz、4 速 P24 = 30 Hz、5 速 P25 = 35 Hz、6 速 P26 = 40 Hz、7 速 P27 = 45 Hz。

3. I/O 分配表

表 4-11　7 段速 PLC 控制 I/O 分配表

输　入	输 入 点	输　出	输 出 点
起动按钮 SB$_1$	X0	运行信号 STF	Y0
停止按钮 SB$_2$	X1	1 速（RH）	Y1
		2 速（RM）	Y2
		3 速（RL）	Y3
		复位（RES）	Y4

4. 输入/输出接线图

用三菱 FX$_{2N}$ 可编程序控制器实现 7 段速 PLC 控制接线，如图 4-44 所示。

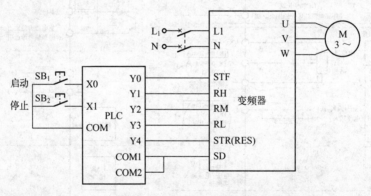

图 4-44　7 段速控制 PLC 与变频器外部接线示意图

5. 编写程序

根据系统控制要求，可设计出系统控制程序，如图 4-45 所示：

6. 系统调试

输入 PLC 梯形图程序，将图 4-45 所示的 SFC 程序转换成步进梯形图，通过编程软件正确输入计算机中，并将 PLC 程序文件下载到 PLC 中。

模拟调试：按系统接线图正确连接好输入设备（按钮 SB$_1$、SB$_2$），进行 PLC 的模拟调试，观察 PLC 的输出指示灯是否按要求指示；若输出有误，检查并修改程序，直至指示正确。

空载调试：按系统接线图将 PLC 与变频器连接好，但不接电动机，进行 PLC、变频器

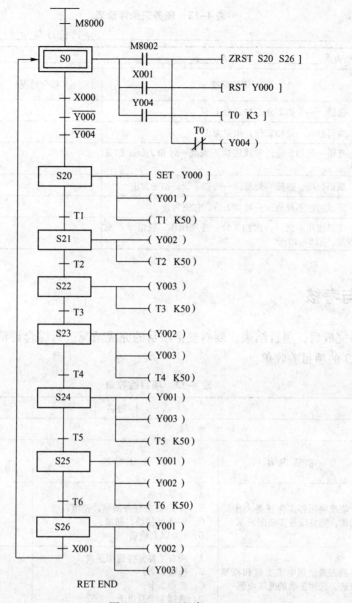

图 4-45 SFC 程序

的空载调试，通过变频器的操作面板观察变频器的输出频率是否符合要求。若变频器的输出频率不符合要求，检查变频器参数或 PLC 程序，直至频器按要求运行。

系统调试：按系统接线图正确连接好全部设备，进行系统调试，看电动机能否按控制要求运行。

[任务评价]

任务完成后，以小组为单位进行组内自我检测，并将检测结果填入表 4-12 中，对照评价表进行评价。

表 4-12 任务记录评价表

任务名称_____评价日期_____年____月____日

第____组 第一负责人_____ 参与人_____

评价内容	评分标准	扣分情况	配分 100 分	得分
I/O 选择	选错，一个扣 2 分，扣完为止		20	
梯形图程序	编写错误一处扣 2 分，扣完为止		30	
外围线路连接	连错一处扣 5 分；导线连接不规范一处扣 2 分，扣完为止		20	
端子连接	根据标准，连接不规范，一处扣 2 分，扣完为止		10	
系统调试	调试过程不规范，一处扣 2 分，扣完为止		10	
文明操作	工具使用不当，一次扣 3 分；违规操作，视情节严重程度，扣 5 ~ 10 分		10	

项目评价与考核

所有任务完成后，项目结束，要对整个项目的完成情况进行综合评价和考核，具体评价规则见表 4-13 的项目验收单。

表 4-13 项目验收单

项目名称			姓名		综合评价		
第一负责人：		参与人：					
考核项目	考核内容	评分标准	评价结果				
			自评	互评	师评	等级	
知识与技能 （50 分）	能准确回答工作任务书中的问题，完成任务实施记录单	A：全部合格； B：有 1 ~ 2 处任务漏填、错填； C：3 ~ 4 处错填、漏填； D：4 处以上错填					
	能正确使用电工工具和检测仪表，选用正确的低压电器	A：所有工具元件选用正确； B：选错 1 个； C：选错 2 个； D：选错 3 个及以上					
	能按照工艺要求进程序编写、下载、导线和端子连接	A：导线连接、程序编写合格； B：1 ~ 2 处不合格； C：3 ~ 4 处不合格； D：4 处以上不合格					
	能按照图纸要求进行施工，元器件、仪器安放位置合格	A：全部合格； B：1 ~ 2 处错误； C：3 ~ 4 处错误； D：5 处以上错误					
	能实现功能	A：1 次通电成功，实现功能； B：1 次一处不成功，2 次实现； C：1 次两处不成功，2 次实现； D：跳闸，或 2 次未实现功能					

项目名称			姓名		综合评价	

第一负责人：　　　　　　　　　　参与人：

考核项目	考核内容	评分标准	评价结果			
			自评	互评	师评	等级
过程与方法（30分）	能够消化、吸收理论知识，能查阅相关工具书	A：完全胜任； B：良好完成； C：基本做到； D：严重缺乏或无法履行				
	能利用网络、信息化资源进行自主学习					
	能够在实操过程中发现问题并解决问题					
	能与老师进行交流，提出关键问题，有效互动，能与同学良好沟通，小组协作					
	能按操作规范进行检测与调试，任务时间安排合理。					
态度与情感（20分）	工作态度端正，认真参与，有爱岗敬业的职业精神	A：态度认真，积极主动，热爱岗位，勇于担当； B：具备以上两项； C：具备以上一项； D：以上都不要具备				
	安全操作，注意用电安全，无损伤损坏元器件及设备，并提醒他人	A：安全意识强，能协助他人； B：规范操作，无损坏设备现象； C：操作不当，无意损坏； D：严重违规操作或恶意损坏				
	具有集体荣誉感和团队意识，具有创新精神	A：存在团队合作好、质量过关、速度快或其他突出之处； B：具备以上两项； C：具备以上一项； D：以上都不要具备				
	文明生产，执行7S管理标准（整理、整顿、清扫、清洁、素养、安全和节约）	A：以上全部具备； B：具备以上六项； C：具备以上五项； D：具备四项及以下				
说明	1. 综合评价说明： 8个及8个以上A（A级不得含有D级评价，否则降为B），综合等级评为A； 8个及8个以上B，综合等级评为B；8个及8个以上C，综合等级评为C； 6个及6个以上D，综合等级评为D。 2. 个别组员未能全部参加项目，不得评A，最高可评至B级。 3. 项目完成过程中有特殊贡献或重大改进的地方，可以适当加分					

项目自测题

1. 一台有3条皮带的运输机，分别用3台电动机 M_1、M_2 和 M_3 驱动。运输机的控制要求如下：起动时，M_1 先起动，延时5 s后 M_2 起动，再延时5 s后 M_3 起动。停车要求 M_3 先停车，10 s后 M_2 停车，再过10 s后 M_1 停车，试设计该运输机的控制梯形图和指令表程序，画出PLC的接线图。要求有起动按钮和停止按钮。

2. 图 4-46 是多种液体混合装置，适合如饮料的生产、酒厂的配液、农药厂的配比等。试根据如下系统控制要求，列出 I/O 表，设计 PLC 梯形图和指令表程序，并画出 PLC 接线图。

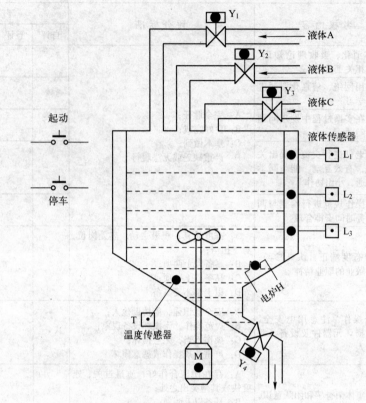

图 4-46 多种液体混合装置

控制要求如下：

（1）初始状态：各输入/输出设备均处于 OFF 状态；

（2）起动操作：按下起动按钮，液体混合装置开始按下列给定规律操作：

1）$Y_1 = ON$，液体 A 将流入容器，液面上升。当液面达到 L_3 处时，$L_3 = ON$，使 $Y_1 = OFF$，$Y_2 = ON$，即关闭液体 A 阀门，打开液体 B 阀门，停止液体 A，液体 B 流入，液面上升。

2）当液面达到 L_2 处时，$L_2 = ON$（L_3 仍为 ON），使 $Y_2 = OFF$，$Y_3 = ON$，即关闭液体 B 阀门，打开液体 C 阀门，停止 B 液体，C 液体流入，液面继续上升。

3）当液面达到 L_1 处时，$L_1 = ON$，（L_3、L_2 仍为 ON），使 $Y_3 = OFF$，$M = ON$，即关闭液体 C 阀门，液体停止流入，开始搅拌。

4）搅匀后（设搅拌时间为 10 s），停止搅拌（$M = OFF$），开始对混合液体加热，即关闭电动机 M，同时打开电炉（$H = ON$）。

5）当液体温度达到合适温度时，温度传感器 $T = ON$，放液阀门打开（$Y_4 = ON$），开始放液，液面开始下降。

6）当液面下降到 L_3 处时，L_3 由 ON 变到 OFF（这时 L_1、L_2 已变为 OFF），再过 2 s，容

130

器放空，使放液阀门 Y_4 关闭，开始下一个循环周期。

（3）停止操作：在任何时候按下停车按钮后，要将当前容器内的混合工作处理完毕（当前周期循环到底），才能停止操作（停在初始位置上），否则会造成液体浪费。

3. 将轧钢件从开坯到料场的传输分为五段，分别由 5 台电动机拖动。要使那些载有轧钢件的传送带运行，未载件的停止运转，其装置如图 4-47 所示。1#传感器起动传送带Ⅰ；2#传感器起动传送带Ⅱ；3#传感器起动传送带Ⅲ；4#传感器起动传送带Ⅳ；5#传感器起动传送带。下段起动 2 s 后停止上段。6#传感器动作 2 s 后，停止传送带 V。试列出 I/O 分配表，编写梯形图程序和指令表程序，画出 PLC 接线图。要求有起动按钮和停止按钮。

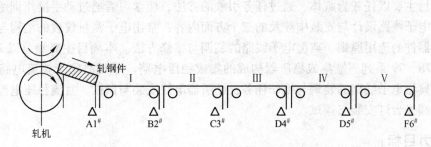

图 4-47　习题 3 示意图

4. 如图 4-48 所示，双向气缸 A 在起动按钮动作后，做向前运动，将料斗中的工件逐一顶出。当推杆到达限位 B 时，做回返运动，当料斗中的工件低于限位 C 时，停止顶出。试列出 I/O 分配表，编写梯形图程序和指令表程序，画出 PLC 接线图。要求有起动按钮和停止按钮。

5. 如图 4-49 所示，由两组皮带机组成的原料运输自动化系统，该自动化系统的起动顺序为：料斗 D 中无料，先起动皮带 C（电动机 D_2），再起动皮带 B（电动机 D_1），最后再打开电磁阀 DT。系统停机的顺序与起动顺序相反，试设计梯形图程序，并写出指令表程序。

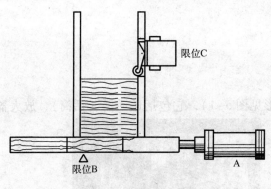

图 4-48　习题 4 示意图

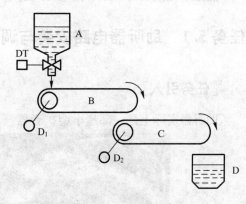

图 4-49　习题 5 示意图

项目 5 基本电子线路的设计与安装

[项目介绍]

本项目主要以任务为载体，通过任务引领的方法，使学习者通过动手操作训练的方式了解和掌握电子线路设计与安装中涉及的三个方面内容：常用电子测量仪表的结构与使用、电子电路元器件的选用原则、典型电子线路的装调与维修方法。本项目主要涵盖以 RC 阻容放大电路，78、79 系列三端集成稳压器构成的集成稳压电路，单相晶闸管整流电路为知识载体的三个典型电子线路的装调与维修任务：助听器电路安装与调试、直流稳压电源安装与调试、家用调光台灯安装与调试。

[能力目标]

1. 能正确使用单、双臂电桥、信号发生器和示波器；
2. 能根据要求正确选用晶闸管、集成稳压器等电子电路元器件；
3. 能够装调并检修 RC 阻容放大电路；
4. 能够装调并检修 78、79 系列三端稳压集成电路；
5. 能够装调并检修单相晶闸整流电路。

[达成目标]

能独立完成项目中三个任务对应的电子线路的选件、装调和维修。

任务 5.1 助听器电路安装与调试

[任务引入]

助听器实际上是一部超小型扩音器（外形见图 5-1），它包括送话器（话筒）、放大器

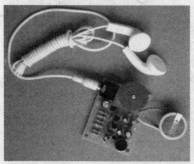

图 5-1 助听器样机

和受话器三部分。声音由送话器变换为微弱的电信号，经放大器放大后输送到耳机，变换成较强的声音传入耳内。可提高有听力障碍者的听觉。本任务通过助听器的安装与调试工作，重点掌握 *RC* 阻容放大电路的组成、特点及工作原理，能够对 *RC* 阻容放大电路的常见故障进行排查和排除。

[知识链接]

知识链接1　多级放大电路的耦合方式

在实际应用中，小信号放大电路的输入信号一般都是微弱信号。为了满足实际需要，输入信号必须经过多级放大，即将多个单级放大电路连接起来以满足负载的需要。

每两个基本放大电路之间的连接，称为级间耦合。两级电路信号的传送方式称为耦合方式。为使多级放大电路能正常工作，各级之间的耦合必须满足以下几个条件：

（1）将前一级输出信号传送到下一级的输入端，传送不能造成信号失真；

（2）前后级之间的静态工作点互无影响；

（3）尽量减小信号在耦合电路上传送时的损失。

多级放大电路的耦合方式通常有阻容耦合、变压器耦合、直接耦合三种方式。

1. 阻容耦合

前后级之间通过一个电容连接起来的方式称为阻容耦合，电路如图 5-2 所示。

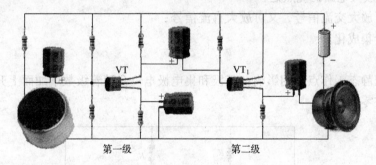

第一级　　　　第二级

图 5-2　两级阻容耦合放大电路

阻容耦合放大电路的优点是：

（1）静态工作点设置互不影响；

（2）在分立元件电路中广泛使用。

缺点是：

（1）不易传输变化缓慢的信号；

（2）在集成电路中无法制造大容量电容，不便于集成化。

2. 变压器耦合

前后级之间通过变压器连接起来的方式称为变压器耦合，电路如图 5-3 所示。

变压器耦合放大电路的优点是：

（1）静态工作点独立；

（2）易实现阻抗匹配，有较大输出功率。

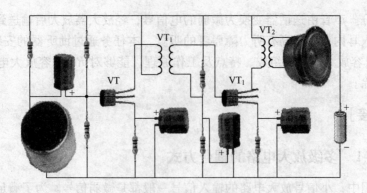

图 5-3　两级变压器耦合放大电路

缺点是：

（1）不能传送直流信号；

（2）体积大；

（3）频率特性差，不适用集成电路。

变压器耦合放大电路主要应用于低频功率放大。

3. 直接耦合

前后级之间直接连接起来的方式称为直接耦合，电路如图 5-4 所示。

直接耦合放大电路的优点是：

（1）既可放大交流信号，又可放大直流信号；

（2）便于集成化。

缺点是：

（1）各级静态工作点互相影响；基极和集电极电位会随着级数增加而上升；

（2）存在零点漂移。

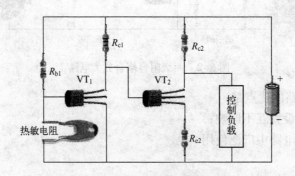

图 5-4　两级直接耦合放大电路

知识链接2　多级放大电路性能指标估算

1. 多级放大电路的放大倍数

多级放大电路的放大倍数等于各级放大倍数的乘积。

$$A_{\mathrm{u}} = A_{\mathrm{u1}} A_{\mathrm{u2}} \cdots A_{\mathrm{un}}$$

必须注意：将后一级作为前一级的负载。

2. 输入电阻与输出电阻

多级放大电路的第一级输入电阻就是整个放大电路的输入电阻，最后一级的输出电阻就是整个放大电路的输出电阻。

3. 多级放大电路的幅频特性和通频带

单级放大电路放大倍数的数值与信号频率的关系曲线，称为幅频特性曲线，如图 5-5 所示。当放大倍数下降为 $0.707A_{um}$ 时，所对应的频率分别称为上限频率 f_H 和下限频率 f_L。上、下限频率之间的范围，称为放大器的通频带 BW。为了不失真地放大信号，要求放大电路的通频带大于信号的频带。

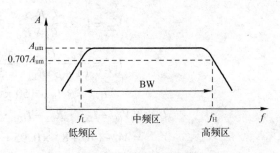

图 5-5　幅频特性曲线

知识链接 3　阻容耦合放大电路分析

1. 阻容耦合放大电路分析方法：

（1）由于电容的隔直作用，各级放大器的静态工作点相互独立，分别估算；

（2）前一级的输出电压是后一级的输入电压；

（3）后一级的输入电阻是前一级的交流负载电阻；

（4）总电压放大倍数 = 各级放大倍数的乘积；

（5）总输入电阻 r_i 即为第一级的输入电阻，总输出电阻 r_o 即为最后一级的输出电阻。

2. 典型电路分析

【例 5-1】电路如图 5-6 所示，已知：$\beta_1 = \beta_2 = 50$，$U_{BE1} = U_{BE2} = 0.7\ V$，$r_{be1} = 2.9\ k\Omega$，$r_{be2} = 1.7\ k\Omega$，估算静态工作点，求出 A_u、r_i、r_o。

（1）静态分析：直流通路如图 5-7 所示。求两级放大电路的静态工作点，需分别求出第一级和第二级对应的静态工作点。

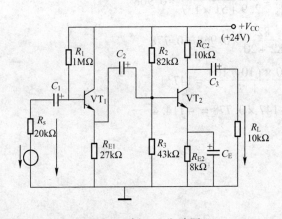

图 5-6　例 5-1 电路图

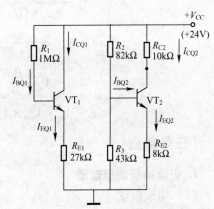

图 5-7　例 5-1 直流通路

第一级放大电路静态工作点：

$$I_{BQ1} = \frac{V_{CC} - U_{BE1}}{R_1 + (1+\beta)R_{E1}} = \frac{24 - 0.7}{1000 + (1+50) \times 27} \approx \frac{24}{1000 + 50 + 27} = 0.01\ mA$$

135

$$I_{CQ1} = \beta_1 I_{BQ1} = 50 \times 0.01 = 0.5 \text{ mA}$$

$$U_{CE1} = V_{CC} - I_{EQ1} \cdot R_{E1} \approx V_{CC} - I_{CQ1} \cdot R_{E1} = 24 - 0.5 \times 27 = 10.5 \text{ V}$$

第二级放大电路静态工作点：

$$V_{B2} = V_{CC} \cdot \frac{R_3}{R_3 + R_2} = 24 \times \frac{43}{43 + 82} = 8.3 \text{ V}$$

$$I_{BQ2} = \frac{V_B - U_{BE2}}{(1 + \beta) R_{E2}} \approx \frac{8.3 - 0.7}{50 \times 8} = 0.019 \text{ mA}$$

$$I_{CQ2} = \beta_2 I_{BQ2} = 50 \times 0.019 = 0.95 \text{ mA}$$

$$U_{CE2} = V_{CC} - I_{CQ2} \cdot R_{C2} - I_{EQ2} \cdot R_{E2} \approx V_{CC} - (R_{C2} + R_{E2}) I_{CQ2}$$

$$= 24 - (10 + 8) \times 0.95 = 6.9 \text{ V}$$

（2）动态分析：微变等效电路如图 5-8 所示。

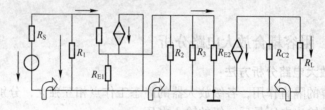

图 5-8　微变等效电路

1）$r_i = R_1 // [r_{be1} + (\beta + 1) R'_{L1}]$

其中：$R'_{L1} = R_{E1} // r_{i2} = R_{E1} // R_2 // R_3 // r_{be}3 = R_{E1} // R_L$

$$= R_{E1} // r_{i2} = 27 // 1.7 \approx 1.7 \text{ k}\Omega$$

$$r_i = 1000 // (2.9 + 51 \times 1.7) \approx 82 \text{ k}\Omega$$

2）$r_o = R_{C2} = 10 \text{ k}\Omega$

3）中频电压放大倍数

$$A_{u1} = \frac{(\beta_1 + 1) R'_{L1}}{r_{be1} + (\beta_1 + 1) R'_{L1}} = \frac{51 \times 1.7}{2.9 + 51 \times 1.7} \approx 0.968$$

$$A_{us1} = \frac{r_{i1}}{r_{i1} + R_S} A_{u1} = \frac{82}{82 + 20} \times 0.968 = 0.778$$

$$A_{u2} = \frac{\beta_2 R'_{L2}}{r_{be2}} = \frac{50 \times (10 // 10)}{1.7} = 147$$

$$A_{us} = A_{us1} \times A_{u2} = -147 \times 0.778 = -114.4$$

[任务实施]

1. 识读助听器原理图

（1）组成框图

助听器电路框图如图 5-9 所示。

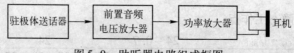

图 5-9　助听器电路组成框图

（2）原理图

助听器原理图如图5-10所示。

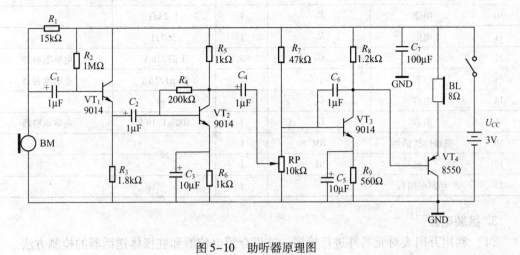

图5-10　助听器原理图

助听器实质上是一个由晶体管 $VT_1 \sim VT_4$ 构成的多级音频放大器。VT_1、VT_2 与 $C_1 \sim C_4$、$R_1 \sim R_6$ 组成了典型的阻容耦合放大电路，担任前置音频电压放大，其中 VT_2 为电压并联负反馈放大器，输入电阻比较小，所以 VT_1 采用射极跟随器，以便完成与 VT_2 输入端的阻抗匹配。VT_3、VT_4 组成两级直接耦合式功率放大电路，VT_4 接成射极跟随器，这种电路的输出阻抗较低，以便与 $8\,\Omega$ 低阻耳塞式耳机匹配。

驻极体送话器 BM 接收到声音信号后，输出相应的微弱电信号。该信号经电容器 C_1 耦合到 VT_1 基极，经 C_2 耦合到 VT_2 基极进行音频电压放大，放大后音频信号由 VT_2 集电极输出，再经 C_4 耦合到 VT_3 进行功率放大，最后信号由 VT_4 发射极输出，送至耳塞机放音。

电路中，C_3、C_5 为旁路电容器，C_6 为反馈电容、C_7 为滤波电容器，主要用来减小电路产生的交流分量，使耳塞机发出的声音清晰响亮。

2. 清点元器件

助听器元器件清单如表5-1所示。

表5-1　元器件清单表

序　号	元件名称	代　号	数　量	规　格	备　注
1	晶体管	VT_1、VT_2、VT_3	3	9014	β 大约为 50～70
2	晶体管	VT_4	1	8550	
3	可调电阻	RW	1	10 kΩ	
4	电阻	R_1	1	15 kΩ	
5	电阻	R_2	1	1MΩ	
6	电阻	R_3	1	1.8 kΩ	
7	电阻	R_4	1	200 kΩ	
8	电阻	R_5、R_6	2	1 kΩ	
9	电阻	R_7	1	47 kΩ	

序 号	元件名称	代 号	数量	规 格	备 注
10	电阻	R_8	1	1.2 kΩ	
11	电阻	R_9	1	560 Ω	
12	电容	C_1、C_2、C_4	3	1 μF/16 V	电解电容器
13	电容	C_3、C_5	2	10 μF/16 V	电解电容器
14	电容	C_6	1	1 nF	
15	电容	C_7	1	100 μF/16 V	电解电容器
16	驻极体送话器	BM	1		
17	耳机	BL	1		
18	印制电路板		1		

3. 组装电路

（1）利用万用表对元器件进行检测。这里介绍电位器和驻极体送话器的检测方法。

1）检测电位器

选择合适的欧姆档测量电位器 1~3 端的总阻值，应在标称值范围内。如图 5-11a 所示。将表笔接于 1~2 或 2~3 引出端间，旋动电位器转柄，其阻值应在 0 Ω 与标称值之间连续变化。如为 0、∞ 或指针变化不连续（跳动），则说明接触不良，如图 5-11b 所示。测量电位器各端子与外壳及旋转轴之间电阻值应接近 ∞。

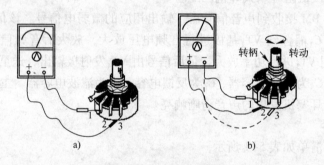

图 5-11 电位器检测
a）检测电位器标称阻值 b）检测电位器动臂

2）驻极体送话器检测

将万用表拨到"$R \times 100$ Ω"档，黑表笔接驻极体送话器的芯线，红表笔接驻极体送话器的引出线金属网。此时，万用表指针应在一定的刻度上。然后对送话器吹气，如果指针有一定幅度的摆动，如图 5-12 所示，说明驻极体送话器完好；如果无反应，则说明送话器漏电。如果直接测试送话器引线无电阻，说明送话器内部可能开路；如果阻值为 0，则传声器内部短路。

（2）利用废旧印制电路板和组件，进行焊接前的练习。

（3）在给定的印制电路板上完成元器件插装，印制电路板如图 5-13。

（4）焊接元器件。焊接前再次确认二极管、电解电容器的正负极性、集成电路管脚插装是否正确。焊接时应注意焊接时间不宜过长，一般在 2 ~ 3 s 即可，焊接结束后修剪元件引脚（长度一般为 2 mm 左右）。

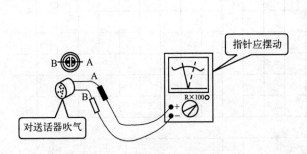

图 5-12　驻极体传声器的检测

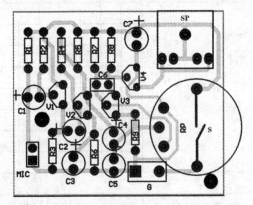

图 5-13　助听器印制电路板

4. 检测电路

（1）直观检测：仔细检查是否有不良焊点、毛刺存在，是否有短路现象，各元器件引脚有无漏焊、错焊。还要仔细观察元器件的引脚、导线是否有相碰现象，发现问题一定要处理好，以防出现安全隐患。

（2）测量静态工作点

根据表 5-2 的测试要求，测量电路的电压，并将测量值填入表中。

表 5-2　晶体管静态工作点测试

测　试　值	VT$_1$	VT$_2$	VT$_3$	VT$_4$
V_b（V）				
V_c（V）				

（3）观察输出电压的情况

实训仪器与实训电路连接如图 5-14 所示。打开信号发生器电源，调节信号发生器输出频率 $f = 1$ kHz，输出幅度 $U = 1$ mV。

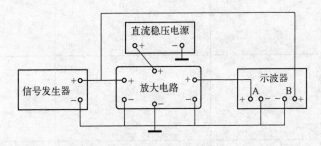

图 5-14　仪器连接示意图

打开示波器开关，用双踪示波器根据表 5-3 的要求，测试输出信号波形，将测量结果填入表中。

表 5-3　助听器电路各点输出波形

测　试　点	u_{b1}（mV/div）						u_{c2}（V/div）					
波　形　图												

测　试　点	u_{c3}（V/div）						u_{e4}（V/div）					
波　形　图												

　　描述测试过程中出现的故障现象，并对故障情况结合电路原理图进行分析讨论，写出具体的解决措施并排除故障，将故障排除的具体情况记录于表 5-4。

表 5-4　故障排除过程记录

编　　号	故障现象描述	原因分析	解决措施
故障 1			
故障 2			
故障 3			

[任务评价]

任务完成后，以小组为单位进行组内自我检测，并将检测结果填入表5-5中，对照评价表进行评价。

表5-5　任务评价表

任务名称＿＿＿＿＿＿＿＿＿＿＿＿＿＿＿＿＿＿＿＿＿＿＿＿＿＿　评价日期＿＿＿＿＿＿年＿＿月＿＿日

第＿＿＿组　第一负责人＿＿＿＿＿＿＿＿　参与人＿＿＿＿＿＿＿＿＿＿＿＿＿＿＿＿＿＿＿

评价内容	评分标准	扣分情况	配分 100分	得分
元器件选择与检测	选错元器件，一个扣2分；损坏一个扣3分；一处检测不当扣2分，扣完为止		10	
仪器仪表使用	仪表使用操作不当，一次扣5分；损坏仪表或设备扣10分		10	
线路组装	焊点质量不合格，一处扣0.5分；错焊、漏焊，一处扣2分；组装顺序不正确，扣2分		40	
电路检测与功能实现	测试方法不正确，扣3分；有测错、漏测，一项扣2分；功能实现：一次未成功，扣5分，二次未成功，扣10分，3次未成功扣20分		30	
文明操作	执行7S管理标准，一处不符扣3分；违规操作，视情节严重程度，扣5~10分		10	

任务5.2　直流稳压电源安装与调试

[任务引入]

直流稳压电源通常用来为小型电子设备或低功耗便携式的仪器设备提供固定数值或数值可调的直流电压。

本任务要求学生完成一个具有三路不同直流电压输出的稳压电源电路的安装与调试工作。电路把220V交流电压，分别经三路由三端集成器构成的稳压电路输出+5V、±12V的固定直流电压。通过任务实施，认识稳压电源的类型及工作过程，重点掌握78××、79××系列三端固定集成稳压器电路的安装与调试方法，并能排查常见的电路故障进行。

[知识链接]

知识链接1　直流稳压电源组成

直流稳压电源主要功能是将交流电压变成比较稳定的直流电压。一般由电源变压器、整流电路、滤波电路和稳压电路组成，如图5-15所示。

稳压电源各部分电路的作用，

1. 电源变压器：具有升压或降压功能，将220V交流电压变为符合要求的交流电压。

2. 整流电路：将交流电压变换为单向的脉动直流电压。

3. 滤波电路：把整流输出脉动直流中的脉动成分滤掉，使之成为较平滑的直流电压。

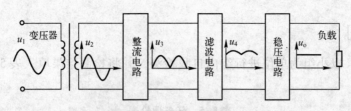

图 5-15　直流稳压电源框图

4. 稳压电路：在电网电压或负载发生变化时，使输出直流电压稳定不变。

知识链接2　整流电路

1. 单相桥式整流电路

单相桥式整流电路如图 5-16，它是由四个二极管组成的电桥构成的。

设整流变压器二次侧的电压为 $u = \sqrt{2}U\sin\omega t$，其波形如图 5-17 所示。

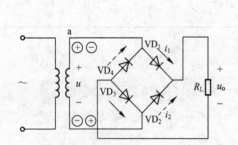

图 5-16　单相桥式整流电路

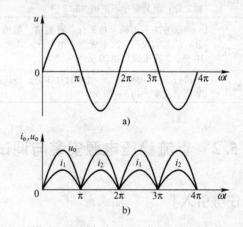

图 5-17　单相桥式整流电路的电压与电流的波形

在变压器二次的电压 u 的正半周时，其极性为上正下负，即 a 点的电位高于 b 点，二极管 VD_1 和 VD_3 导通，VD_2 和 VD_4 截止，电流的流通路径是 a→VD_1→R_L→VD_3→b。这时，负载 R_L 上得到一个半波电压。在电压 u 的负半周期时，变压器的二次侧的极性为上负下正，即 b 点的电位高于 a 点。因此，二极管 VD_1 和 VD_3 截止，VD_2 和 VD_4 导通，电流的流通路径是 b→VD_2→R_L→VD_4→a。同样，在负载 R_L 上得到一个半波电压。但是无论输入电压 u 如何变化，负载 R_L 上的电压方向始终未变，流过 R_L 的电流的方向也始终未变，在负载上就可以得到全波整流的电压和电流。全波整流电路的整流电压的平均值 $U_o = 0.9U$，整流电流的平均值 $I_o = U_o/R_L = 0.9U/R_L$。

2. 电容滤波器的单相桥式整流电路

在图 5-16 所示的单相桥式整流电路中，与负载并联一个容量足够大的电容器就是电容滤波器的单相桥式整流电路，如图 5-18 所示。利用电容器的充、放电，以改善输出电压 u_o 的脉动程度。

在 u 的正半周，且 $u > u_c$ 时，二极管 VD_1 和 VD_3 导通，一方面供电给负载，同时对电容 C 充电。当充到最大值，即 $u_c = U_m$ 后，随着 u 从最大值开始下降，u_c 也开始下降，u 按正弦规律下降，u_c 按指数规律下降，当 $u < u_c$ 时，VD_1 和 VD_3 承受反向电压而截止，电容器对负载放电。在 u 的负半周期时，情况类似。接有电容滤波器的单相桥式整流电路的电压的平均值 U_o 为 $U_o = 1.2U$。其波形如图 5-19 所示。

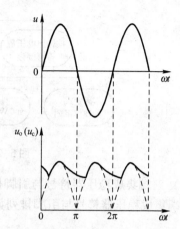

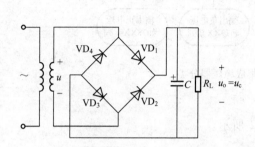

图 5-18　接有电容滤波器的单相桥式整流电路　　　图 5-19　单相桥式整流电路的电压波形

知识链接 3　稳压电路

1. 稳压二极管稳压电路

最简单的直流稳压电源是采用稳压二极管来稳定电压的。图 5-20 所示的是一种稳压二极管稳压电路，经过桥式整流电路整流和电容滤波器滤波得到直流电压 U_i，再经过限流电阻 R 和稳压二极管 VZ 组成的稳压电路接到负载的电阻 R_L 上。这样，负载上得到的就是一个比较稳定的电压。

引起电压不稳定的原因是交流电源电压的波动和负载电流的变化。例如，当交流电源电压增加而使整流输出电压 U_i 随着增加

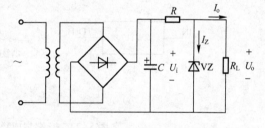

图 5-20　稳压二极管稳压电路

时，负载电压 U_o 也要增加。U_o 即为稳压二极管两端的反向电压。当负载电压 U_o 稍有增加时，稳压二极管的电流 I_z 就显著增加，因此电阻 R 上的电压降增加，以抵偿 U_i 的增加，从而使负载电压 U_o 保持近似不变。

相反，如果交流电源电压减低而使 U_i 减低时，负载电压 U_o 也要减低，因而稳压二极管电流流 I_z 显著减小，电阻 R 上的电压降也减小，仍然保持负载电压 U_o 近似不变。同理，如果当电源电压保持不变而是负载电流变化引起负载电压 U_o 改变时，上述稳压电路仍能起到稳压的作用。

2. 集成稳压器稳压电路

（1）三端集成稳压器分类

由于集成稳压器具有体积小，外接线路简单、使用方便、工作可靠和通用性等优点，因此在各种电子设备中应用十分普遍，基本上取代了由分立元件构成的稳压电路。将串联型稳压电路集成在一块硅片构成的芯片，并引出输入、输出和公共三个接线端子，就形成三端集

成稳压器。三端集成稳压器的分类情况如图 5-21 所示。

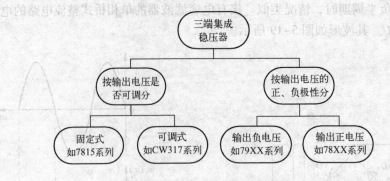

图 5-21　三端集成稳压器分类

（2）三端集成稳压器符号与引脚排列

三端集成稳压器符号与引脚排列如图 5-22 所示。

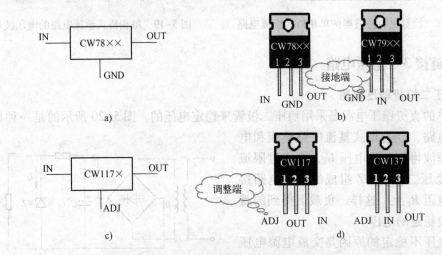

图 5-22　三端集成稳压器符号与引脚排列

a）CW78××、CW79××系列电路符号　b）塑封固定式稳压器引脚排列
c）CW117、CW137 系列电路符号　d）塑封可调式稳压器引脚排列

（3）三端集成稳压器命名

三端固定式集成稳压器命名见图 5-23。如 CW7815 即表示稳压输出为 +15 V。

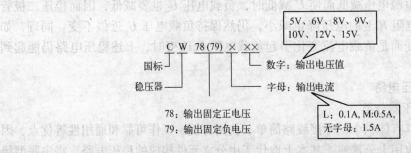

图 5-23　三端固定式集成稳压器命名

三端可调式集成稳压器见图 5-24。如 CW317 即表示输出电压能在 +1.2 ~ +37 V 范围内可调整。

图 5-24　三端可调式集成稳压器命名

（4）三端集成稳压器的典型应用电路

固定式集成稳压器典型应用电路如图 5-25 所示。C_i 用来减小波纹及抵消输入端引线的电感效应，防止自激振荡，并抑制高频干扰。C_o 用以改善负载的瞬间响应并抑制高频干扰。

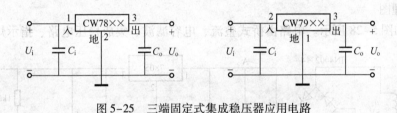

图 5-25　三端固定式集成稳压器应用电路

可调式集成稳压器的典型应用电路如图 5-26 所示。

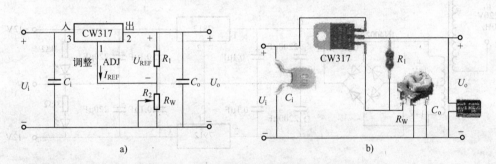

图 5-26　三端可调式集成稳压器应用电路

a）原理图　b）实物图

三端可调式集成稳压器输出端与调整端之间的电压为基准电压 $U_{REF} \approx 1.25$ V，流过调整端的电流为 $I_{REF} \approx 50$ μA。输出电压为

$$U_O = U_{R1} + U_{R2} = U_{REF}\left(1 + \frac{R_2}{R_1}\right) + I_{REF}R_2 \approx 1.25\left(1 + \frac{R_2}{R_1}\right)$$

上式中的 I_{REF} 通常较小，可忽略不计。调节电位器 R_W 可改变 R_2 的大小，从而调节输出电压 U_o 大小。

[任务实施]

1. 识读直流稳压电源原理图

（1）组成框图

直流稳压电源电路框图如图 5-27 所示。

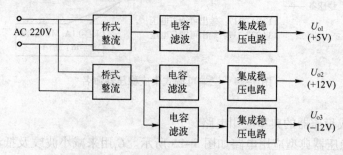

图 5-27　直流稳压电源电路组成框图

（2）原理图

原理图如图 5-28 所示。电路由桥式整流、电容滤波、集成稳压电路、指示灯组成。

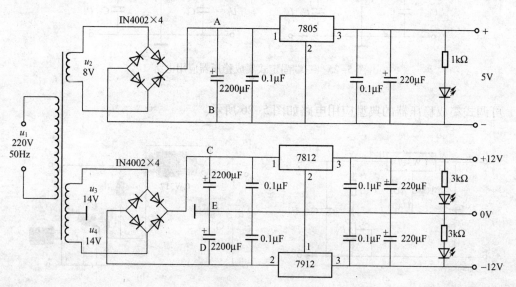

图 5-28　直流稳压电源应用电路原理图

2. 清点元器件

直流稳压电源元器件清单见表 5-6。

表 5-6　元器件清单

序　号	元件名称	数　量	规　格	备　注
1	二极管	8	IN4007	正向压降 0.6 V 较好
2	发光二极管	3	φ3 mm，红色，蓝色，绿色	
3	电阻	1	1 kΩ	棕黑红金

序　号	元件名称	数　量	规　　格	备　注
4	电阻	2	3 kΩ	橙黑红棕
5	电容	3	2200 μF/25 V	
6	电容	6	0.1 μF	独石电容
7	电容	3	220 μF/25 V	
8	变压器	1	8 V，±14 V	v
9	接线座	1	两芯	蓝色
10	三端集成稳压器	1	7805	
11	三端集成稳压器	1	7812	
12	三端集成稳压器	1	7912	
13	接线座	1	两芯	绿色
14	接线座	1	三芯	蓝色
15	接线座	1	三芯	绿色
16	面包板	1	15 mm×20 mm	

3. 组装电路

（1）利用万用表对元器件进行检测。

（2）利用废旧印制电路板和组件，进行焊接前的练习。

（3）布局布线，可参照图 5-29 布局布线图进行布局安排与布线设计。

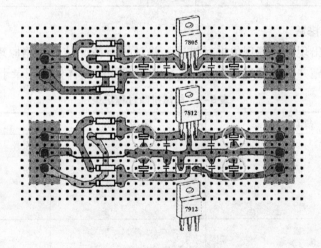

图 5-29　直流稳压电源电路布局布线图

（4）焊接元件。焊接前再次确认二极管、电解电容器的正负极性、集成电路管脚插装是否正确。焊接时间不宜过长，一般 2~3 s 即可，修剪元件引脚长度一般为 2 mm 左右。

4. 检测电路

（1）检测直流稳压电源

直观检测法，仔细检查是否有不良焊点、毛刺存在，是否有短路现象，各元件引脚有无漏焊、错焊。还要仔细观察元件的引脚、导线是否有相碰现象，发现问题一定要处理好，以防出现安全隐患。

（2）输出电压检测

1）根据表 5-7 的测试点要求，将测量值填入下表中。

表 5-7　稳压电源各点输出电压测量

变压器次级输出电压（V）			桥式整流输出电压（V）		稳压电源输出电压（V）		
U_1	U_2	U_3	U_{AB}	U_{CD}	U_{o1}	U_{o2}	U_{o3}

2）观察输入电压变化时，输出电压的情况

将调压器输入端接到 220 V 交流电源，输出端分别接到稳压电源的对应输入端。利用调压器改变输入电压，观察稳压电源输出电压的变化情况。测试数据填入表 5-8。

表 5-8　输入电压变化时，稳压电源输出情况

调压器输出电压（V）		160	200	220	240	260
万用表输出电压（V）	U_{o1}					
	U_{o2}					
	U_{o3}					
毫伏表输出电压（V）	U_{o1}					
	U_{o2}					
	U_{o3}					

5. 常见故障及排除

将测试过程中出现的故障现象进行描述，并对故障情况结合电路原理图进行分析讨论，写出具体的解决措施并对故障进行排除，并将故障排除的具体情况记录于表 5-9。

表 5-9　故障排除过程记录

编　号	故障现象描述	原 因 分 析	解 决 措 施
故障 1			
故障 2			
故障 3			

[任务评价]

任务完成后，以小组为单位进行组内自我检测，并将检测结果填入表5-10中，对照评价表进行评价。

表5-10 任务评价表

任务名称＿＿＿＿＿＿＿＿＿＿＿＿＿＿＿＿＿＿＿＿＿ 评价日期＿＿＿＿年＿＿月＿＿日

第＿＿组 第一负责人＿＿＿＿＿＿＿ 参与人＿＿＿＿＿＿＿＿＿＿＿＿＿＿＿＿＿＿＿＿＿

评价内容	评分标准	扣分情况	配分 100分	得分
元器件选择 与检测	选错元器件，一个扣2分；损坏一个扣3分；一处检测不当扣2分，扣完为止。		10	
仪器仪表 使用	仪表使用操作不当，一次扣5分；损坏仪表或设备扣10分。		10	
线路组装	焊点质量不合格，一处扣0.5分；错焊、漏焊，一处扣2分；组装顺序不正确，扣2分。		40	
电路检测与 功能实现	测试方法不正确，扣3分；有测错、漏测，一项扣2分；功能实现：一次未成功，扣5分，二次成功，扣10分，3次未成功扣20分。		30	
文明操作	执行7S管理标准，一处不符扣3分；违规操作，视情节严重程度，扣5~10分。		10	

任务5.3 家用调光台灯电路仿实一体化实训

[任务引入]

家用调光台灯可以安放在居室等场合。利用晶闸管具有单向导电性和可控性，并通过阻容元件组成的单结晶体管触发电路控制，实现调光台灯的亮度自由调节。本任务通过仿实一体化的训练模式结合调光台灯这一项目载体使学生掌握以下几方面的内容：

1. 晶闸管、单结晶体管的结构与参数；
2. 单结晶体管触发电路原理；
3. 单相晶闸管整流电路原理；
4. 单相晶闸管整流电路的安装、调试、故障排除。

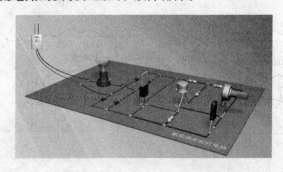

图5-30 家用调光台灯仿真电路

[知识链接]

知识链接1 认识晶闸管与晶闸管可控整流电路

1. 认识晶闸管

（1）晶闸管的电气结构与符号

晶闸管俗称可控硅，是一种大功率半导体器件。是电子技术从弱电领域扩展到强电领域的标志，广泛应用于电力电子技术中。

单向晶闸管外部有三个电极，分别为阳极（A）、阴极（K）和控制极又称门极（G）。单向晶闸管的电路符号、内部结构与等效电路如图5-31所示。它由 PNPN 四层半导体组成，形成三个 PN 结。从最外层 P 层和 N 层分别引出的电极为阳极（A）和阴极（K），中间 P 层引出的电极为门极（G）。

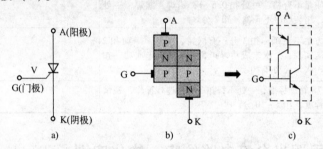

图5-31 单向晶闸管符号、结构和等效电路

a）图形符号 b）内部结构 c）等效电路

（2）晶闸管的工作特性实验与主要参数

由图5-32可以看到单向晶闸管的四种组态，单向晶闸管的工作特性如下：

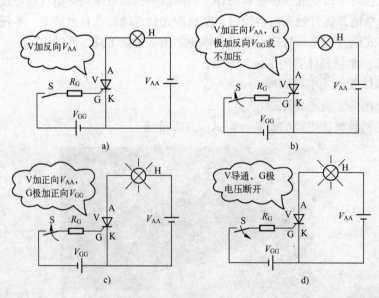

图5-32 单向晶闸管的工作特性实验

a）反向阻断 b）正向阻断 c）触发导通 d）断开触发信号仍然导通

1）单向晶闸管的导通条件是阳极和门极均加正极性电压。

2）晶闸管导通后，门极便失去控制作用。

3）当将阳极电压降低到一定程度或加负极性电压，可以使导通后的晶闸管关断。

4）晶闸管具有以弱电控制强电的作用。

结合图5-33单向晶闸管的伏安特性曲线，可以看出晶闸管主要有以下多个工作参数：

1）正向转折电压 U_{BO} 指门极断开，$I_G = 0$，使晶闸管导通的电压。

2）断态重复峰值电压 U_{DRM} 指门极断开，允许重复加在晶闸管 A、K 间的正向峰值电压。一般比正向转折电压小100 V。

3）反向重复峰值电压 U_{RRM} 指门极断开，允许重复加在晶闸管 A、K 间的反向峰值电压。一般比反向击穿电压小100 V。

4）通态平均电压 $U_{T(AV)}$ 指流过晶闸管额定正弦半波电流时，阳极 A 与阴极 K 之间的平均电压，简称"管压降"。一般为1 V 左右。

5）通态平均电流 $I_{T(AV)}$ 指晶闸管允许通过的工频正弦半波电流的平均值。大约在1 ~ 1000 A。

6）维持电流 I_H 指门极断开，维持晶闸管继续导通所必需的最小电流。一般为几十到几百毫安，要使晶闸管关断必须使正向电流小于 I_H。

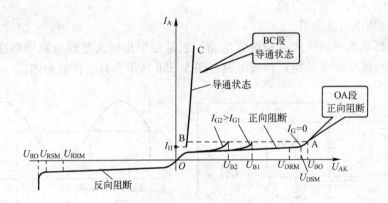

图5-33　单向晶闸管伏安特性

2. 认识晶闸管可控整流电路

（1）单相半波晶闸管可控整流电路

1）电路原理图及波形图

单向半波晶闸管可控整流电路的原理图和波形图如图5-34所示。

① α 称为触发角，是指晶闸管在正向电压作用下不导通的范围（电角度）。

② θ 称为导通角，是指晶闸管在一个周期内导通的范围（电角度）。

③ α 越大，导通角 θ 就越小，输出电压的平均值就越小。

2）电路原理分析：

① 在 u_2 为正半周时，晶闸管 V 承受正向电压。若此时门极没有加触发电压，则 V 处于正向阻断状态，$u_L = 0$。

② 当 $\omega t = \alpha$ 时，门极加上触发脉冲电压 u_G，晶闸管 V 导通，$u_L \approx u_2$。

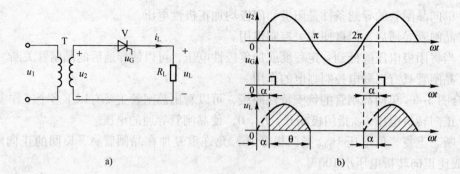

図 5-34　単相半波晶闸管可控整流电路

a）原理图　b）波形图

③ 在 $\alpha < \omega t < \pi$ 期间，$u_G = 0$，V 仍然维持导通，$u_L \approx u_2$。

④ 当 $\omega t = \pi$ 时，$u_2 = 0$，V 自行关断，$u_L = 0$。

⑤ 当 $\pi < \omega t < 2\pi$ 时，此时 u_2 为负半周，V 因承受反向电压而阻断，$u_L = 0$。在 u_2 的第二个周期里，当第二个触发脉冲到来时，V 再次导通。如此周而复始，R_L 上就得到单向脉动直流电压，如图 5-34b 所示。

（2）单相桥式可控整流电路

1）电路原理图及波形图

图 5-35a 所示为单相桥式可控整流电路，它是在单相桥式整流电路中串联一个单向晶闸管构成单相桥式可控（单控）整流电路。图 5-35b 所示为其工作波形图。

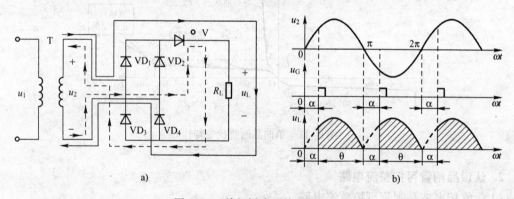

图 5-35　单相桥式可控整流电路

a）原理图　b）波形图

2）电路原理分析：

① 在 u_2 为正半周时，二极管 VD_1、VD_4 导通，VD_2、VD_3 截止，若此时门极没有加触发电压，V 处于正向阻断状态，输出电压 $u_L = 0$。

② 当 $\omega t = \alpha$ 时，$u_G > 0$，V 导通，电流方向如图 5-35a 中实线所示，$u_L = u_2$。

③ 在 $\alpha < \omega t < \pi$ 期间，$u_G = 0$，V 仍然维持导通，$u_L = u_2$。

④ 当 $\pi < \omega t < 2\pi$ 时，u_2 为负半周，二极管 VD_2、VD_3 导通，VD_1、VD_4 截止，只要触发脉冲电压 u_G 到来，V 就导通，电流方向如图 5-35a 中虚线所示，$u_L = -u_2$。

在 u_2 的第二个周期里，电路将重复第一周期的变化。如此周而复始，负载 R_L 上就得到单向脉动直流电压，如图 5-35b 所示。

知识链接2　认识单结晶体管及其触发电路

1. 认识单结晶体管

（1）单结晶体管的结构与符号

单结晶体管也称为双基极二极管，它有一个发射极和两个基极，外形和普通晶体管相似。单结晶体管的结构是在一块高电阻率的 N 型半导体基片上引出两个欧姆接触的电极：第一基极 B_1 和第二基极 B_2；在两个基极间靠近 B_2 处，用合金法或扩散法渗入 P 型杂质，引出发射极 E。单结晶体管共有上述三个电极，其结构示意图和电气符号如图 5-36 所示。B_2、B_1 间加入正向电压后，发射极 E、基极 B_1 间呈高阻特性。但是当 E 的电位达到 B_2、B_1 间电压的某一比值（例如 59%）时，E、B_1 间立刻变成低电阻，这是单结晶体管最基本的特点。

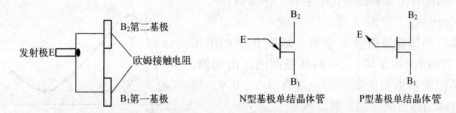

图 5-36　单结晶体管结构示意图和电气符号

（2）工作特性分析：由图 5-37 单结晶体管等效电路得基极 B_2 上加电压 U_{BB} 时，R_{B1} 上分得的电压为

$$U_A = \frac{R_{B1}}{R_{B1} + R_{B2}} U_{BB} = \frac{R_{B1}}{R_{BB}} U_{BB} = \eta U_{BB}$$

调节 R_P，使 U_E 从零逐渐增加。当 $U_E < \eta U_{BB}$ 时，单结晶体管 PN 结处于反向偏置状态，只有很小的反向漏电流。当发射极电位 U_E 比 ηU_{BB} 高出一个二极管的管压降 U_{VD} 时，单结晶体管开始导通，这个电压称为峰点电压 U_p，故 $U_p = \eta U_{BB} + U_{VD}$，此时的发射极电流称为峰点电流 I_p，I_p 是单结晶体管导通所需的最小电流。

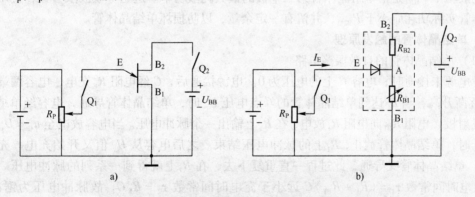

图 5-37　单结晶体管工作特性实验电路及其等效电路

a）特性实验电路　b）等效电路

当 I_E 增大至一定程度时，载流子的浓度使注入空穴遇到阻力，即电压下降到最低点，这一现象称为饱和。欲使 I_E 继续增大，必须增大电压 U_E。由负阻区转化到饱和区的转折点 V 称为谷点。与谷点对应的电压和电流分别称为谷点电压 U_v 和谷点电流 I_v。谷点电压是维持单结晶体管导通的最小电压，一旦 U_E 小于 U_v，则单结晶体管将由导通转为截止。

综上所述，单结晶体管具有以下特点：

1）当发射极电压等于峰点电压 U_p 时，单结晶体管导通。导通之后，当发射极电压小于谷点电压 U_v 时，单结晶体管就恢复截止。

2）单结晶体管的峰点电压 U_p 与外加固定电压及其分压比 η 有关。

3）不同单结晶体管的谷点电压 U_v 和谷点电流 I_v 都不一样。谷点电压大约在 2～5 V 之间。在触发电路中，常选用 η 稍大一些，U_v 低一些和 I_v 大一些的单结晶体管，以增大输出脉冲幅度和移相范围。

结合图 5-38 单结晶体管的伏安特性曲线，可以看出单结晶体管主要有以下几个主要工作参数：

1）分压比

指单结晶体管发射极 E 至第一基极 B_1 间的电压（不包括 PN 结两端压降），占两基极间电压的比例，是单结晶体管很重要的参数，一般在 0.3～0.9，是由管子内部结构所决定的常数。

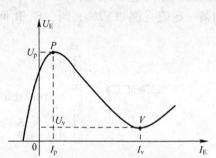

图 5-38　单结晶体管伏安特性曲线

2）峰点电压与电流

峰点电压 U_p 是指单结晶体管刚开始导通时发射极 E 与第一基极 B_1 之间的电压，其所对应的发射极电流叫峰点电流。

3）谷点电压与电流

谷点电压 U_v 是指单结晶体管由负阻区开始进入饱和区时的发射极 E 与第一基极 B_1 间的电压，其所对应的发射极电流叫谷点电流。

4）调制电流

调制电流 I_{B2} 是指发射极处于饱和状态时，从单结晶体管第二基极 B_2 流过的电流。

5）耗散功率

耗散功率 P_{B2M} 是指单结晶体管第二基极的最大耗散功率。这是一项极限参数，使用中单结晶体管实际功耗应小于 P_{B2M}，并留有一定余量，以防损坏单结晶体管。

2. 单结晶体管的触发原理

（1）单结晶体管的自激振荡电路

设电源未接通时，电容 C 上的电压为 0。电源接通后，C 经电阻 R_E 充电，电容两端的电压 u_C 逐渐升高，当 u_C 达到单结晶体管的峰点电压 U_p 时，单结晶体管导通，电容经单结晶体管的发射极、电阻 R_{B1} 向电阻 R_1 放电，在 R_1 上输出一个脉冲电压。当电容放电至 $u_C = U_v$ 并趋向更低时，单结晶体管截止，R_1 上的脉冲电压结束。之后电容从 U_v 值又开始充电，充电到 U_p 时，单结晶体管又导通，此过程一直重复下去，在 R_1 上就得到一系列的脉冲电压。由于 C 的放电时间常数 $\tau_1 = (R_1 + R_{B1})C$ 远小于充电时间常数 $\tau_2 = R_E C$，故脉冲电压为锯齿波。u_C 和 u_{R1} 的波形如图 5-39 所示。改变 R_E 的大小，可改变 C 的充电速度，从而改变电路的自激振荡频率。

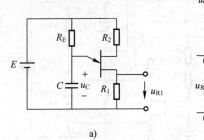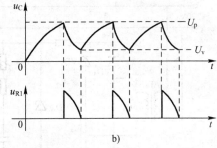

a)   b)

图 5-39 单结晶体管自激振动电路及其波形分析

应该注意，当 R_E 的值太大或太小时，不能使电路振荡。当 R_E 太大时，较小的发射极电流 I_E 能在 R_E 上产生大的压降，使电容两端的电压 u_C 升不到峰点电压 U_p，单结晶体管就不能工作到负阻区。当 R_E 太小时，单结晶体管导通后的 I_E 将一直大于 I_v，单结晶体管不能关断。

电阻 R_2 的作用是温度补偿。无电阻 R_2 时，若温度升高，则二极管的正向电压降 U_D 降低，单结晶体管的峰点电压 U_p 也就随之下降，导致振荡频率 f 不稳定。有电阻 R_2 时，若温度升高，则电阻 R_{BB} 增加，进而使 U_{BB} 增加。这样，虽然二极管的正向压降 U_D 随温度升高而下降，但管子的峰点电压 $U_p = \eta U_{BB} + U_D$ 仍基本维持不变，保证振荡频率 f 基本稳定。通常 R_2 取 200 ~ 600 Ω。电容 C 的大小由脉冲宽度和 R_E 的大小决定，通常取 0.1 ~ 1 μF。

（2）单结晶体管的触发电路控制原理（见图 5-40）

1）同步电源

同步电压由变压器 T 获得，而同步变压器与主电路接至同一电源，故同步电压与主电压同相位、同频率。同步电压经桥式整流再经稳压管 VD_W 削波为梯形波 u_{VDW}，它的最大值 U_{WO}，u_{VDW} 既是同步信号，又是触发电路的电源。当 u_{VDW} 过零时，单结晶体管的电压 $U_{BB} = u_{VDW} = 0$，$U_A = 0$，故电容 C 经单结晶体管的发射极 E、第一基极 B_1、电阻 R_1 迅速放电。也就是说，每半周开始，电容 C 都基本上从零开始充电，进而保证每周期触发电路送出一个距离过零时刻一致的脉冲。距离过零时刻一致即控制角 α 在每个周期相同，这样就实现了同步。

2）移相控制

当调节电阻 R_p 增大时，单结晶体管充电到峰点电压 U_p 的时间（即充电时间）增大，第一个脉冲出现的时刻后移，即控制角 α 增大，实现了移相。

3）脉冲输出

触发脉冲由 R_1 直接取出，这种方法简单、经济，但触发电路与主电路有直接的电联系，不安全。也可以采用脉冲变压器输出来改进这一触发电路。

[任务实施]

1. 仿真实训

（1）通过仿真软件学习调光台灯电路的组成、原理。

调光台灯组成如图 5-41 所示。桥式整流电路的下一极电路可以采用滤波电路或稳压电路。

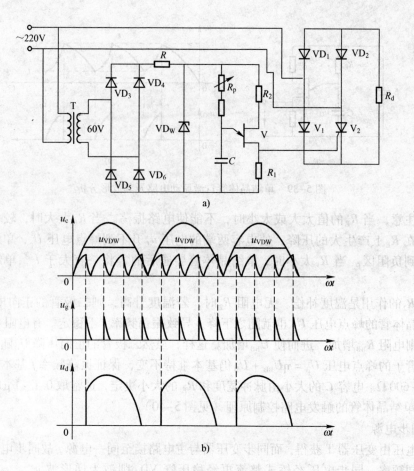

图 5-40　单结晶体管触发电路及波形分析

a）电路原理图　b）波形图

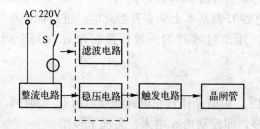

图 5-41　调光台灯仿真电路组成框图

　　调光台灯电路如图 5-42 所示。可控整流电路的作用是把交流电变换为电压值可以调节的直流电。主电路由负载 HL（灯泡）和晶闸管 V_S 组成，单结晶体管 V_T 及一些电阻和电容元件构成了阻容移相桥触发电路。改变晶闸管 V_S 的导通角，便可调节主电路的可控输出整流电压（或电流）的值，灯泡负载的亮度也会随之变化。晶闸管导通角的大小决定于触发脉冲的频率，频率 f 的计算公式为：

$$f = \frac{1}{RC}\ln\left(\frac{1}{1-\eta}\right)$$

　　上式中 η 为单结晶体管的分压比 η（一般在 0.5～0.8 之间），当电容 C 值固定不变时，触发脉冲的频率由电源频率 f 和 R 大小决定，调节电位器 R_w 可以改变 R 的值，从而改变了触发脉冲的频率，主电路的输出电压也随之改变，从而达到可控整流的目的。

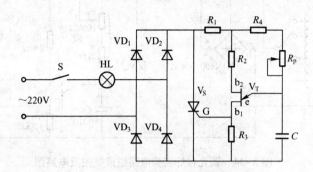

图 5-42 调光台灯仿真实训电路图

（2）通过仿真软件进行仿真实训并完成故障分析。

调光台灯常见故障及故障原因分析：

1）电源接通但是灯不亮

说明晶闸管没有导通，此时要逐一排查：

① 检查整流桥搭建，检查四个整流二极管极性连接是否正确；

② 检查稳压二极管极性；

③ 检查单结晶体管的插放正确与否；

④ 检查晶闸管的插放正确与否。

2）灯亮但是无法调光

灯亮，说明电源、整流二极管 $VD_1 - VD_2$ 及晶闸管正常；不可调光，问题发生在晶闸管控制电路，主要检查单结晶体管。

2. 实操训练

（1）识读直流稳压电源原理图

1）组成框图

调光台灯组成框图如图 5-43 所示。

图 5-43 调光台灯实验电路组成框图

2）原理图

调光台灯原理图如图 5-44 所示。电路由桥式整流电路、稳压二极管稳压电路、单结晶体管移相触发电路、晶闸管与灯泡串联电路组成。

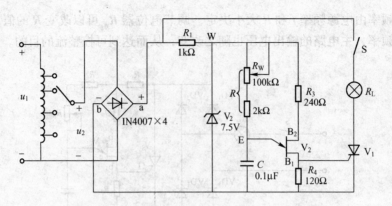

图 5-44　调光台灯实验电路组成框图及电路图

（2）清点元器件

调光台灯元器件清单如表 5-11 所示。

表 5-11　元器件清单

序　号	元件名称	数量	规　格	备　注
1	二极管	8	IN4007	正向压降 0.6 V 较好
2	稳压二极管	1		7.5 V
3	电阻	1	1 kΩ	棕黑黑棕金
4	电阻	1	120 Ω	棕红黑黑棕
5	电阻	1	240 Ω	红黄黑黑棕
6	晶闸管	1	3CT3A	V_2
7	单结晶体管	1	BT33	V_1
8	电位器	1	100 kΩ	带开关电位器
9	电容	1	0.1 μF	
10	面包板	1		15 mm × 20 mm
11	接线座	2	两芯	绿色、红色
12	白炽灯	1		带灯座
13	单相插头	1		

（3）组装电路

1）利用万用表对元器件进行检测，这里重点介绍使用万用表的电阻档（或用数字万用表二极管档）对单结晶体管和晶闸管进行简易测试判断好坏的方法。

① 单结晶体管检测

图 5-45 为单结晶体管 BT33 管脚排列、结构及电路符号图。好的单结晶体管 PN 结正向电阻 R_{EB1}、R_{EB2} 均较小，且 R_{EB1} 稍大于 R_{EB2}，PN 结的反向电阻 R_{B1E}、R_{B2E} 均应很大，根据所测阻值，即可判断出各管脚及管子的质量优劣。

② 晶闸管的检测

图 5-46 为晶闸管 3CT3A 管脚排列、结构图及电路符号。晶闸管阳极（A）和阴极（K）、阳极（A）和门极（G）之间的正、反向电阻 R_{AK}、R_{KA}、R_{AG}、R_{GA} 均应很大，由于 G

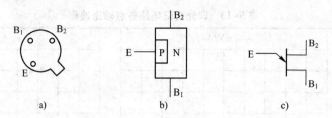

图 5-45 单结晶体管 BT33 管脚排列、结构图及电路符号

和 K 之间为一个 PN 结，PN 结正向电阻应较小，反向电阻应很大。

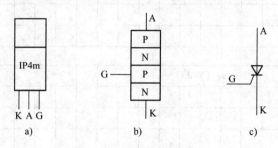

图 5-46 晶闸管管脚排列、结构图及电路符号

2）利用废旧印制电路板和组件，进行焊接前的练习。

3）布局布线，可以结合直流稳压电源的布线原则进行布局布线，保证布局美观、无交叉引线、便于安装与焊接。

4）焊接元器件。焊接前再次确认二极管、晶闸管、单结晶体管及电解电容器的正负极性插装是否正确。焊接时应注意焊接时间不宜过长，一般 2~3 s 即可。焊接结束后修剪元件引脚（长度一般为 2 mm 左右）。

（4）检测电路

1）直观检测

仔细检查是否有不良焊点、毛刺存在，是否有短路现象，各元器件引脚有无漏焊、错焊。仔细观察元器件的引脚、导线是否有相碰现象，以防出现安全隐患。

2）输出电压检测

取可调工频电源 14 V 电压作为整流电路输入电压 u_2，电位器 R_W 置中间位置。根据表 5-12 的测试点要求，将测量值填入下表中。

表 5-12 各点输出电压测量

桥式整流输出电压（V）	稳压二极管输出电源（V）	晶闸管两端电压（V）
U_{ab}	U_{Mb}	U_{V1}

3）单结晶体管触发电路输出信号测试

① 断开开关 S，接通工频电源，用交流毫伏表测量 u_2 的有效值。打开示波器，用 CH1 通道观测整流输入 u_2、CH2 通道分别观测整流输出电压 u_1、削波电压 u_W、锯齿波电压 u_E、触发输出电压 u_{B1}，将观察的波形画入表 5-13 中。

表 5-13　调光台灯电路各点输出波形

测 试 点	u_2 （mV/div）	u_1 （V/div）
波 形 图		

测 试 点	u_E （V/div）	u_{B1} （V/div）
波 形 图		

② 改变移相电位器 R_W 阻值，观察 u_E 及 u_{B1} 波形的变化及 u_{B1} 的移相范围。

③ 可控整流电路

断开工频电源，将开关 S 闭合接入负载灯泡 R_L，再接通工频电源，调节电位器 R_W，使电灯由暗到中等亮，再到最亮，用示波器观测负载两端电压 u_L 的波形，调节电位器 R_W 使电灯中等亮度，观测整流输出电压 u_1、削波电压 u_W、锯齿波电压 u_E、触发输出电压 u_{B1} 的波形并在表 5-14 中绘制出记录观测到的信号波形。

表 5-14　调光台灯电路各点输出波形

测 试 点	u_2 （mV/div）	u_1 （V/div）
波 形 图		

测 试 点	u_E （V/div）										u_{B1} （V/div）									
波 形 图																				

（5）常见故障及排除

描述测试过程中出现的故障现象，并对故障情况结合电路原理图进行分析讨论，写出具体的解决措施并排除故障，将故障排除的具体情况记录于表5-15。

表 5-15　故障排除过程记录

编　号	故障现象描述	原 因 分 析	解 决 措 施
故障1			
故障2			
故障3			

［任务评价］

任务完成后，以小组为单位进行组内自我检测，并将检测结果填入表5-16中，对照评价表进行评价。

表 5-16　任务评价表

任务名称＿＿＿＿＿＿＿＿＿＿＿＿＿＿＿＿＿＿＿＿＿＿＿＿　评价日期＿＿＿＿＿年＿＿月＿＿日

第＿＿＿组　第一负责人＿＿＿＿＿＿　参与人＿＿＿＿＿＿＿＿＿＿＿＿＿＿＿＿＿＿＿＿＿

评价内容	评分标准	扣分情况	配分 100 分	得分
元器件选择与检测	选错元器件，一个扣 2 分；损坏一个扣 3 分；一处检测不当扣 2 分，扣完为止		10	
仪器仪表使用	仪表使用操作不当，一次扣 5 分；损坏仪表或设备扣 10 分		10	
线路组装	焊点质量不合格，一处扣 0.5 分；错焊、漏焊，一处扣 2 分；组装顺序不正确，扣 2 分		40	
电路检测与功能实现	测试方法不正确，扣 3 分；有测错、漏测，一项扣 2 分；功能实现：一次未成功，扣 5 分，二次未成功，扣 10 分，3 次未成功扣 20 分		30	
文明操作	执行 7S 管理标准，一处不符扣 3 分；违规操作，视情节严重程度，扣 5~10 分		10	

项目评价与考核

　　所有任务完成后，项目结束，要对整个项目的完成情况进行综合评价和考核，具体评价规则见表 5-17 的项目验收单。

表 5-17　项目验收单

项目名称			姓名		综合评价		

第一负责人：　　　　　　　　　　　　参与人：

考核项目	考核内容	评分标准	评价结果			
			自评	互评	师评	等级
知识与技能（50 分）	能准确回答相关问题，完成任务实施记录单	A：全部合格； B：有 1~2 处任务漏填、错填； C：3~4 处错填、漏填； D：4 处以上错填				
	能按要求选用电子元器件并进行检测	A：所有元器件选用正确； B：选错 1 个； C：选错 2 个； D：选错 3 个及以上				
	能正确使用仪器仪表进行测试	A：仪表选用、操作正确，测试合格，无错测、漏测现象； B：1~2 处不合格； C：3~4 处不合格； D：4 处以上不合格				
	能按照图纸要求进行焊接、组装和调试，元器件、位置安装正确、焊点合格、组装步骤正确	A：全部合格； B：1~2 处错误； C：3~4 处错误； D：5 处以上错误				
	能实现电路功能，符合项目要求	A：1 次通电成功，实现功能； B：检修调试，2 次实现功能； C：检修调试，2 次实现功能； D：跳闸，或 3 次未实现功能				

项目名称				姓名		综合评价	
第一负责人：			参与人：				

考核项目	考核内容	评分标准	评价结果			
			自评	互评	师评	等级
过程与方法（30分）	能够消化、吸收理论知识，能查阅相关工具书	A：完全胜任； B：良好完成； C：基本做到； D：严重缺乏或无法履行				
	能利用网络、信息化资源进行自主学习					
	能够在实操过程中发现问题并解决问题					
	能与老师进行交流，提出关键问题，有效互动，能与同学良好沟通，小组协作					
	能按操作规范进行检测与调试，任务时间安排合理					
态度与情感（20分）	工作态度端正，认真参与，有爱岗敬业的职业精神	A：态度认真，积极主动，热爱岗位，勇于担当； B：具备以上两项； C：具备以上一项； D：以上都不要具备				
	安全操作，注意用电安全，无损伤损坏元器件及设备，并提醒他人	A：安全意识强，能协助他人； B：规范操作，无损坏设备现象； C：操作不当，无意损坏； D：严重违规操作或恶意损坏				
	具有集体荣誉感和团队意识，具有创新精神	A：存在团队合作好、质量过关、速度快或其他突出之处； B：具备以上两项； C：具备以上一项； D：以上都不要具备				
	文明生产，执行7S管理标准（整理、整顿、清扫、清洁、素养、安全和节约）	A：以上全部具备； B：具备以上六项； C：具备以上五项； D：具备四项及以下				
说明	1. 综合评价说明： 8个及8个以上A（A级不得含有D级评价，否则降为B），综合等级评为A； 8个及8个以上B，综合等级评为B；8个及8个以上C，综合等级评为C； 6个及6个以上D，综合等级评为D。 2. 个别组员未能全部参加项目，不得评A，最高可评至B级。 3. 项目完成过程中有特殊贡献或重大改进的地方，可以适当加分					

项目自测题

一、填空题

1. 晶体管发射结_____偏置、集电结_____偏置，三极管具有电流放大作用。

2. 当晶体管工作于截止区时，它的发射结_____偏置，集电结_____偏置；集电极电流约为_____。

3. 在一块放大板内测得某只晶体管的三个电极的直流电位分别是：1 号电极为 $-6.2\,V$，2 号电极为 $-6\,V$，3 号电极为 $-9\,V$，可以判断 1 号为＿＿＿＿极，2 号为＿＿＿＿极，3 号为＿＿＿＿极，该晶体管为＿＿＿＿型管，由＿＿＿＿半导体材料制成。

4. 共射极基本放大电路中集电极电阻 R_c 的作用是提供集电极电流通路，将晶体管集电极电流转化为＿＿＿＿信号。

5. 多级放大器极间耦合方式主要有＿＿＿＿耦合、＿＿＿＿耦合、＿＿＿＿耦合和＿＿＿＿耦合。前后级静态工作点相互独立的有＿＿＿＿耦合和＿＿＿＿耦合。

6. 多级放大电路总的电压放大倍数等于＿＿＿＿。多级放大电路总的输入电阻等于＿＿＿＿，多级放大电路总的输出电阻等于＿＿＿＿。

7. 将＿＿＿＿变成＿＿＿＿的过程称为整流。在单相整流电路中，常用的整流形式有＿＿＿＿、＿＿＿＿、＿＿＿＿等几种。

8. 直流稳压电源是一种当交流电网电压变化时，或＿＿＿＿变动时，能保持＿＿＿＿电压基本稳定的直流电源。

9. 硅稳压二极管稳压电路由＿＿＿＿、＿＿＿＿和＿＿＿＿组成。

10. 硅稳压二极管稳压电路中，硅稳压二极管必须与负载电阻＿＿＿＿。

11. 固定三端集成稳压器的三端是＿＿＿＿、＿＿＿＿、＿＿＿＿，CW7812 型号中 C 表示＿＿＿＿，W 表示＿＿＿＿，78 表示＿＿＿＿，12 表示＿＿＿＿。

12. 可调三端集成稳压器的三端是＿＿＿＿、＿＿＿＿、＿＿＿＿，LM317L 型号中 317 表示＿＿＿＿，L 表示＿＿＿＿。

13. 普通晶闸管内部有＿＿＿＿个 PN 结，外部有三个电极，分别是＿＿＿＿极、＿＿＿＿极和＿＿＿＿极。

14. 晶闸管在其阳极与阴极之间加上＿＿＿＿电压的同时，门极上加上＿＿＿＿电压，晶闸管就导通。

15. 晶闸管的工作状态有正向＿＿＿＿状态，正向＿＿＿＿状态和反向＿＿＿＿状态。

16. 只有当阳极电流小于＿＿＿＿电流时，晶闸管才会由导通转为截止。

17. 按负载的性质不同，晶闸管可控整流电路的负载分为＿＿＿＿性负载，＿＿＿＿性负载和＿＿＿＿性负载三大类。

18. 单结晶体管的内部一共有＿＿＿＿个 PN 结，外部一共有三个电极，它们分别是＿＿＿＿极、＿＿＿＿极和＿＿＿＿极。

19. 当单结晶体管的发射极电压高于＿＿＿＿电压时就导通；低于＿＿＿＿电压时就截止。

20. 触发电路送出的触发脉冲信号必须与晶闸管阳极电压＿＿＿＿，保证在管子阳极电压每个正半周内以相同的＿＿＿＿被触发，才能得到稳定的直流电压。

二、选择题

1. 放大电路在输入信号 $u_i = 0$ 时，电路所处的工作状态是（　　）。

　　A. 动态　　　　B. 放大状态　　　　C. 饱和状态　　　　D. 静态

2. 调节晶体管固定偏置电路的 R_b 大小可以改变静态工作点的高低，当 R_b 调得过小时，容易造成（　　）。

　　A. 截止失真　　B. 没有影响　　　　C. 饱和失真　　　　D. 限幅失真

3. 单管放大电路的输出电压与输入电压（　　　）。

    A. 同相　　　　　　B. 反相　　　　　　　C. 不确定

4. 直接耦合多级放大器（　　　）。

    A. 只能放大交流信号　　　　　　　　B. 只能放大直流信号

    C. 交、直流信号都能放大　　　　　　D. 不能放大任何信号

5. 共集电极放大器是（　　　）。

    A. 电压串联　　　B. 电压并联　　　　C. 电流串联　　　　　D. 电流并联

6. 在直流稳压电源中加滤波电路的主要目的是（　　　）。

    A. 变交流电为直流电　　　　　　　　B. 去掉脉动直流电中的脉动成分

    C. 将高频变为低频　　　　　　　　　D. 将正弦交流电变为脉冲信号

7. 在单相桥式整流电路中，如果一只整流二极管接反，则（　　　）。

    A. 将引起电源短路　　　　　　　　　B. 将成为半波整流电路

    C. 仍为全波整流电路　　　　　　　　D. 没有输出电压，其他不受影响

8. 要获得 +9 V 的稳定电压，集成稳压器的型号应选用（　　　）。

    A. CW7812　　　B. CW7909　　　　C. CW7912　　　　D. CW7809

9. 在图 5-47 中，LM317 的三个引脚 A，B，C 正确排列是（　　　）。

    A. 1，2，3　　　B. 2，1，3　　　　C. 3，1，2　　　　D. 3，2，1

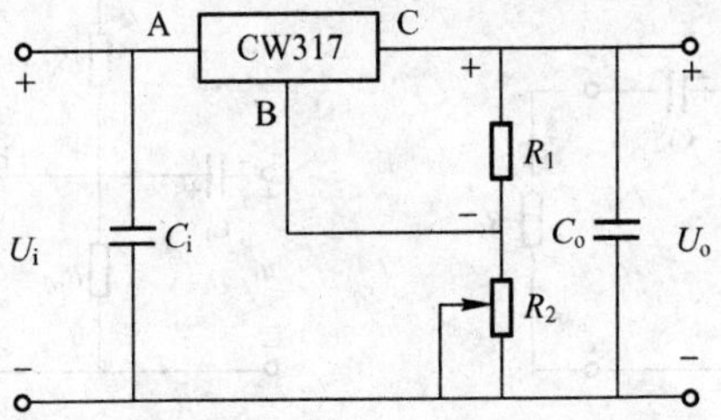

图 5-47　选择题 9 图

10. 单结晶体管内部有（　　　）个 PN 结。

    A. 一个　　　　　B. 二个　　　　　C. 三个　　　　　D. 四个

11. 晶闸管可控整流电路中的控制角 α 减小，则输出的电压平均值会（　　　）。

    A. 不变　　　　　B. 增大　　　　　C. 减小　　　　　D. 无法确定

12. 单相半波可控整流电路输出直流电压的平均值等于整流前交流电压的（　　　）倍。

    A. 1　　　　　　B. 0.5　　　　　　C. 0.45　　　　　D. 0.9

13. 单相桥式可控整流电路输出直流电压的平均值等于整流前交流电压的（　　　）倍。

    A. 1　　　　　　B. 0.5　　　　　　C. 0.45　　　　　D. 0.9

14. 晶闸管在电路中的门极正向偏压（　　　）越好。

    A. 越大　　　　　B. 越小　　　　　C. 不变　　　　　D. 不一定

15. 用万用表 "$R \times 1k$" 档对晶闸管进行简易检测（　　　）。

    A. 阳极与阴极之间的正反向电阻都应很小

    B. 阳极与阴极之间的正反向电阻应有很大区别

    C. 门极与阴极之间的正反向电阻都应很大

D. 门极与阴极之间的正反向电阻应有很大区别

三、简答题

1. 晶闸管的正常导通条件是什么？晶闸管的关断条件是什么？如何实现？

2. 对晶闸管的触发电路有哪些要求？

3. 正确使用晶闸管应该注意哪些事项？

4. 试画出用 CW78XX 系列和 CW79XX 系列集成稳压器组成的正电压 12 V、负电压 6 V 的集成稳压电源电路。

四、计算题

1. 共射基本放大电路如图 5-48 所示。已知 $V_{CC} = 12$ V，$R_c = 3$ kΩ，$R_b = 220$ kΩ，$R_L = 3$ kΩ，晶体管 $r_{be} = 1$ kΩ，$\beta = 50$，$U_{BEQ} = 0.7$ V。求：

（1）放大器的静态工作点；

（2）有载电压放大倍数、输入及输出电阻。

2. 晶体管分压式偏置电路如图 5-49 所示。$V_{CC} = 12$ V，$R_c = 2$ kΩ，$R_{b1} = 39$ kΩ，$R_{b2} = 10$ kΩ，$R_e = 1$ kΩ，$R_L = 2$ kΩ，晶体管 $r_{be} = 1$ kΩ，$\beta = 40$，$U_{BEQ} = 0.7$ V。求：

（1）放大器的静态工作点；

（2）有载电压放大倍数、输入电阻、输出电阻。

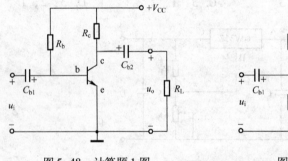
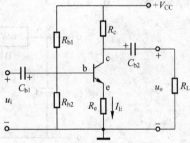

图 5-48　计算题 1 图　　　　　图 5-49　计算题 2 图

3. 两电路图如图 5-50a、b 所示，试求：

（1）写出图 5-50a 中 I_o 的表达式，当 $R_L = 5$ Ω，算出具体数值；

（2）写出图 5-50b 中 U_o 的表达式，并算出当 $R_2 = 5$ Ω 时的具体数值；

（3）指出这两个电路分别具有什么功能。

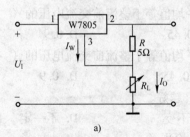
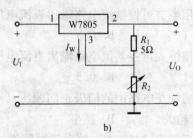

a)　　　　　　　　　　　　　b)

图 5-50

附　录

附录 A　常用仪器仪表的使用

一、万用表

1. 万用表简介

万用表可以测量电阻、电流、电压及晶体管电流放大系数等多种电量和参数，还可直接或间接地检测各种与电有关的器件的好坏、检测调试各种电器设备等。它使用灵活、携带方便、用途广泛，是最实用的测量工具。

万用表的表头为磁电测量机构，电压表、电流表和欧姆表采用一个公用表头。它只能通过直流，可利用二极管将交流变为直流，从而实现交流电的测量。万用表的直流电流档是多量程的直流电流表，表头并联闭路式分流电阻可扩大其电流量程。万用表的直流电压档是多量程的直流电压表。表头串联分压电阻即可扩大其电压量程。分压电阻不同，相应的量程也不同。

常见的万用表有指针式万用表和数字式万用表。指针式万用表是一个以表头为核心部件的多功能测量仪表，测量值由表头指针指示读取。数字式万用表的测量值由液晶显示屏直接以数字的形式显示，读取方便，有些还带有语音提示功能。万用表外形图如图 A-1 所示。

a)

b)

图 A-1　万用表外形图

a）指针式万用表　b）数字式万用表

2. 万用表组成

MF47 型指针式万用表由表头（测量机构）、测量线路、转换开关三个基本部分组成。

面板结构如图 A-2 所示，万用表共有四个插孔，左下角红色"＋"为红表笔，正极插孔；黑色"－"为公共黑表笔，负极插孔；右下角"2500 V"为交直流 2500 V 插孔；"5 A"为直流 5 A 插孔。旋动万用表面板上的机械零位调整螺钉，能调整指针对准刻度盘左端的"0"位置。

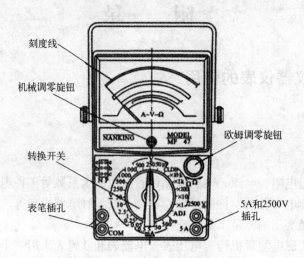

图 A-2　MF47 型万用表面板结构图

该表的表头采用高灵敏度的磁电系测量机构，该机构的满量程偏转电流为 47 μA，具有灵敏度高、性能稳定等特点。表头的准确度等级为 1 级（即表头自身的误差为 ±1%），绝缘强度试验电压为 5000 V。表头共有七条刻度线，从上向下分别为电阻（黑色）、直流电流（黑色）、交流电压（红色）、晶体管共射极直流放大系数 h_{EF}（绿色）、电容（红色）、电感（红色）、分贝（红色）等。

测量线路由多量程直流电流表、多量程直流电压表、多量程交流电压表、多量程欧姆表及其他测量功能的线路等组成。

转换开关与测量线路相配合，用于选择测量种类及量程，共有五档，分别为交流电压、直流电压、直流电流、电阻及晶体管，共 24 个量程。当转换开关拨到直流电流档，可分别与 5 个接触点接通，用于测量 500 mA、50 mA、5 mA 和 500 μA、50 μA 量程的直流电流。同样，当转换开关拨到欧姆档，可分别测量 ×1 Ω、×10 Ω、×100 Ω、×1 kΩ、×10 kΩ 量程的电阻；当转换开关拨到直流电压档，可分别测量 0.25 V、1 V、2.5 V、10 V、50 V、250 V、500 V、1000 V 量程的直流电压；当转换开关拨到交流电压档，可分别测量 10 V、50 V、250 V、500 V、1000 V 量程的交流电压。

3. 万用表的使用方法

（1）直流电压测量

把万用表两表笔插好，红表笔接"＋"，黑表笔接"－"，把档位开关旋钮旋到直流电压档，并选择合适的量程。当被测电压数值范围不确定时，应先选用较高的量程，把万用表两表笔并接到被测电路上，红表笔接直流电压正极，黑表笔接直流电压负极，不能接反。根据测出电压值，再逐步选用低量程，最后使读数在满刻度的 2/3 附近，确保读数的精度。

（2）交流电压测量

测量交流电压时将档位开关旋钮旋到交流电压档，表笔不分正负极，与测量直流电压相似进行读数，其读数为交流电压的有效值。

（3）直流电流测量

把万用表两表笔插好，红表笔接"＋"，黑表笔接"－"，把档位开关旋钮旋到直流电流档，并选择合适的量程。当被测电流数值范围不确定时，应先选用较高的量程。把被测电路断开，将万用表两表笔串接到被测电路上，注意直流电流从红表笔流入，黑表笔流出，不能接反。根据测出电流值，再逐步选用低量程，保证读数的精度。

（4）电阻测量

将档位开关旋钮旋到电阻档，并选择量程。短接两表笔，旋动电阻调零电位器旋钮，进行电阻档调零，使指针打到电阻刻度右边的"0"Ω处，将被测电阻脱离电源，用两表笔接触电阻两端，从表头指针显示的读数乘所选量程的倍率即为电阻的阻值。如选用 R×10 档测量，指针指示 50，则被测电阻的阻值为：$50\,\Omega \times 10 = 500\,\Omega$。如果示值过大或过小要重新调整档位，以保证读数的精度。

4. 使用万用表时的注意事项

（1）使用时不能用手触摸表笔的金属部分，以保证安全和测量准确性。测电阻时如果用手捏住表笔的金属部分，会将人体电阻并接于被测电阻而引起测量误差。

（2）测量直流量时注意被测量的极性，避免反偏打坏表头。

（3）不能带电调整档位或量程，避免电刷的触点在切换过程中产生电弧而烧坏线路板或电刷。

（4）测量完毕后应将档位开关旋钮打到交流电压最高档或空档。

（5）不允许测量带电的电阻，否则会烧坏万用表。

（6）表内电池的正极与面板上的"－"插孔相连，负极与面板"＋"插孔相连，如果不用时误将两表笔短接会使电池很快放电并流出电解液，腐蚀万用表，因此不用时应将电池取出。

（7）在测量电解电容和晶体管等器件的阻值时要注意极性。

（8）电阻档每次换档都要进行调零。

（9）不允许用万用表电阻档直接测量高灵敏度的表头内阻，以免烧坏表头。

（10）绝对不能用电阻档测电压，否则会烧坏熔断器或损坏万用表。

二、绝缘电阻表

1. 用途

绝缘电阻表是专门用来检测电气设备、供电线路的绝缘电阻的一种便携式仪表。电气设备绝缘性能的好坏，关系到电气设备的正常运行和操作人员的人身安全。为了防止绝缘材料由于发热、受潮、污染、老化等原因所造成的损坏，为便于检查修复后的设备绝缘性能是达到规定的要求，都需要经常测量其绝缘电阻。

因为绝缘电阻的阻值很大，万用表的测量范围不够，更主要的是万用表在测量电阻时用的内置电源电压较低（9～15 V），绝缘材料在低电压作用下呈现的电阻值是不真实的。绝缘电阻表的内置电源电压值很高，有 250 V、500 V、1000 V、2500 V 等。

2. 组成

绝缘电阻表有三个接线端，即线路接线端，标有字母 L；接地接线端，标有字母 E；保护环接线端，标有字母 G。测量时将被测物体接于 L、E 两端，G 端一般不用，只有在测量电缆或有表面漏电的物体时才使用。外形结构如图 A-3 所示。

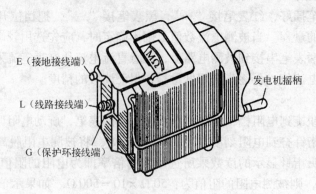

图 A-3　绝缘电阻表外形示意图

3. 绝缘电阻表使用注意事项

（1）测量前先将绝缘电阻表进行一次开路和短路试验，检查绝缘电阻表是否正常。具体操作为：将两连接线开路，摇动手柄，指针应指在无穷大处，再把两连接线短接一下，指针应指在零处。

（2）被测设备必须与其他电源断开，测量完毕一定要将被测设备充分放电（约需 2 ～ 3 min），以保护设备及人身安全。

（3）摇测时，将绝缘电阻表置于水平位置，摇柄转动时其端钮间不许短路。摇测电容器、电缆时，必须在摇柄转动的情况下才能将接线拆开，否则反充电将会损坏绝缘电阻表。

（4）为了防止被测设备表面漏电，使用绝缘电阻表时，应将被测设备的中间层（如电缆壳芯之间的内层绝缘物）接于保护环。

（5）摇动手柄时，应由慢渐快，均匀加速到 120 r/min，并注意防止触电。摇动过程中，当出现指针已指零时，就不能再继续摇动，以防表内线圈发热损坏。

（6）应视被测设备电压等级的不同选用合适的绝缘电阻测试仪。一般额定电压在 500 V 以下的设备，选用 500 V 或 1000 V 的绝缘电阻表；额定电压在 500 V 及以上的设备，选用 1000 ～ 2500 V 的绝缘电阻表。量程范围的选用一般应注意不要使其测量范围过多地超过所测设备的绝缘电阻值，以免使读数产生较大的误差。

（7）禁止在雷电天气或在邻近有带高压导体的设备处使用绝缘电阻表测量。

三、低频信号发生器

1. 信号发生器用途

信号发生器又称信号源，是为电子测量提供符合一定技术要求的电信号的设备，是电子测量中最基本、使用最广泛的电子仪器之一。

信号发生器根据产生的信号频率范围可以分为低频信号发生器和高频信号发生器。

低频信号发生器用来产生频率为 20 Hz ～ 200 kHz（或频率范围更宽）的正弦波信号。低频信号发生器用途十分广泛，可用于测量录音机、扩音机等各种设备中的低频放大器的频率特性、增益等。高频信号发生器用来向各种电子设备和电路供给高频能量或标准信号，工作频率范围一般在 100 kHz ~ 35 MHz（或频率范围更宽）。这里仅以 DF1641D 型低频信号发生器为例掌握信号发生器的基本使用方法。

2. 认识 DF1641D 型低频信号发生器

DF1641D 型低频信号发生器外观如图 A-4 所示。

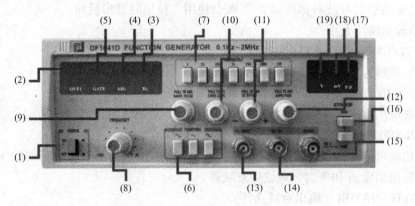

图 A-4 DF1641D 型低频信号发生器外观

下面对照图 A-1 逐一介绍面板各控制部分的功能：

（1）POWER（电源开关）

按下开关，电源接通，电源指示灯亮。

（2）频率显示

6 位 LED 显示发出信号的频率。

（3）Hz（频率单位指示）

指示频率单位，灯亮有效。

（4）kHz（频率单位指示）

指示频率单位，灯亮有效。

（5）GATE（闸门显示）

此灯闪烁，说明频率计正在工作。

（6）FUNCTION（波形选择）

选择输出波形的形式，按下对应按键可以选择输出正弦波、方波或三角波。

（7）RANGE（频率范围选择）

频率范围选择开关与"频率调节"配合选择发出信号的频率，按下对应按键即设定信号发生器发出信号频率的上限值。

（8）FREQUENCY（频率调节）

与"频率范围选择"配合选择工作频率，左右旋转旋钮可以进行工作频率的"微调"。

（9）PULL TO VAR RAMA/PULSE（斜波、脉冲波对称性调节）

拉出此旋钮，可以改变输出波形的对称性，产生斜波、脉冲波且占空比可调，将此旋钮推进则为对称波形。

（10）PULL TO TTL CMOS LEVEL（TTL、CMOS 调节）

拉出此旋钮可得 TTL 脉冲，将此旋钮推进为 CMOS 脉冲且其幅度可调。

（11）PULL TO VAR DC OFFSET（直流偏置电压调节）

拉出此旋钮可设定任何波形的直流工作点，顺时针方向为正，逆时针方向为负，将此旋钮推进则直流电位为零。

（12）PULL TO INV AMPLITUDE（幅度调节/波形倒置）

1）与"斜波、脉冲波对称性调节"配合使用，拉出时波形反向。

2）调节输出幅度大小

（13）TTL/CMOS OUT（TTL/CMOS 输出端）

设置输出波形为 TTL/CMOS 脉冲可作同步信号。

（14）VCF IN（电压控制频率输入端）

设置外接电压控制频率输入端（输入电压范围 -5 V~0 V）。

（15）OUTPUT（信号输出端）

设置输出波形由此输出，阻抗为 50 Ω。为保证输出指示的精度，当需要输出幅度小于信号源最大输出幅度的 10% 时，应使用衰减器。

（16）ATTENUATOR（输出衰减选择）

按下按钮可产生 -20 dB、-40 dB、-60 dB 衰减。

（17）p-p（输出幅度显示）

用 3 位 LED 显示输出信号幅度。

（18）mV（幅度单位指示）

指示电压单位，灯亮有效。

（19）V（幅度单位指示）

指示电压单位，灯亮有效。

3. 实操指导

任务要求：用 DF1641D 型低频信号发生器发出一个频率为 1 kHz，幅值为 5 V 的正弦波信号，并将输出信号幅度衰减 40 dB。

操作步骤指导：

（1）按下 POWER 按钮，接通电源。

（2）选择 RANGE 频率范围中的"2k"，按下 2k 按钮。

（3）调节 FREQUENCY 旋钮，逆时针旋转旋钮使 6 位 LED 显示窗口显示"1k"，对应"kHz"频率单位显示灯亮。

（4）按下 FUNCTION 波形选择中对应的"正弦波"指示按钮，选择输出正弦波信号。

（5）调节 PULL TO INV AMPLITUDE 旋钮进行幅度调节，使输出幅度显示窗口 10 V（为峰 - 峰值）。

（6）同时按下"-20 dB"和"-40 dB"输出衰减按钮，将输出信号衰减至 -60 dB。

4. 实操训练

用信号发生器发出一个频率为 2 kHz，峰 - 峰值是 10 V 的正弦波信号，并将信号衰减 20 dB，用示波器显示出信号波形，填写表 A-1。

表 A–1　信号发生器使用实操训练记录表

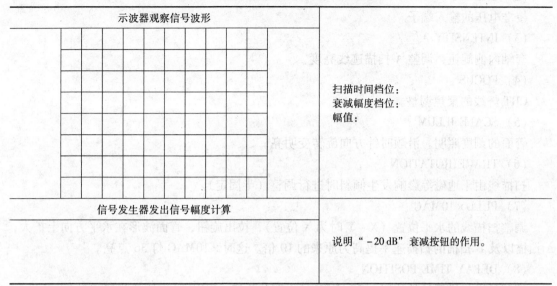

示波器观察信号波形	
	扫描时间档位： 衰减幅度档位： 幅值：
信号发生器发出信号幅度计算	
	说明"–20 dB"衰减按钮的作用。

四、认识示波器

1. 示波器用途

示波器是一种用途极为广泛的电子测量仪器，它可以将电信号用图形方式显示出来，主要用于观测被测信号的波形，并通过显示的波形测量被测信号的幅度、频率、周期等参数，检查电路的工作状态和失真情况。利用传感器，还可以测量各种非电量。

2. 认识 VP–5564D 型数字示波器

VP–5564D 型示波器外观如图 A–5 所示。

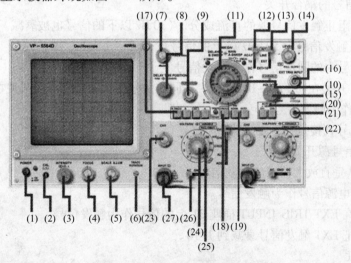

图 A–5　VP–5564D 型示波器外观

下面结合面板逐一介绍各区域的功能作用。

（1）POWER（电源开关）

按下开关，电源接通，开关右上方指示灯亮。

（2）CAL 0.3V

校准电压的输入端子。

（3）INTENSITY A

套轴内侧旋钮，调整 A 扫描迹线亮度。

（4）FOCUS

CRT 辉线的聚焦调整。

（5）SCALE ILLUM

管面的刻度照明。沿顺时针方向旋转变明亮。

（6）TRACE ROTATION

扫描线由于地磁等影响发生倾斜时进行调整（半固定）。

（7）PULL×10MAG

调整扫描线的水平位置（X-Y 时为 X 位置），拉出旋钮，管面波形在水平方向上扩大，A 扫描以及 B 扫描的扫描速率提高为原来的 10 倍。这时 ×10MAG 灯 36 点亮。

（8）DELAY TIME POSITION

调节延迟扫描开始的位置。COARSE 是粗调节旋钮，FINE 是细调节旋钮。

（9）×10MAG

AB 交替扫描时，能调整 B 扫描的垂直方向的位置，其他扫描时无效。

（10）DELAY B SWEEP

套轴的内侧旋钮，设定 B 扫描时间因数。

（11）MAIN A SWEEP

套轴的外侧旋钮，设定 A 扫描时间因数以及延迟时间。在 X-Y 位置上，本仪器作为 X-Y 示波器进行工作。

（12）触发信号的耦合开关

AL：用电容阻止触发信号源的直流成分。（30 Hz 以下的信号也被衰减。）

AL-LF：使触发信号中 50 kHz 以上的信号被衰减。

TV：电视信号中的同步信号作为触发信号。

TIME/DIV：开关在 0.1 ms ~ 0.5 s 内，场同步信号作为触发信号。开关在 0.1 ns ~ 0.5 μs 内，行同步信号作为触发信号。

DC：触发信号直接接到触发电路。

（13）触发信号源开关

INT：选择从垂直放大器来的触发信号。

LINE：用主电源信号作为触发信号。

EXT：把接在 EXT TRIG INPUT 插座 31 上的信号作为触发信号。

EXT×10：把 EXT 触发信号衰减到 1/10。

（14）LEVEL

选择扫描的触发电平。旋钮按入是用触发信号的上升沿触发，拉出是用触发信号的下降沿触发。当把这个旋钮左旋到头置于 FIX 位置时，触发电路以固定电平自动触发扫描电路。

（15）A VARIABLE

套轴的内侧旋钮。能使 A 扫描时间因数在 1 ~ 2.5 间连续变化。在 CAL 位置（右旋到头的位置）时，扫描时间因数被校准。

（16）EXT TRIG INPUT

为连接外部触发信号的输入插座。

（17）扫描显示工作开关

选择 A、B 扫描的工作方式。

A：由 A 扫描进行波形显示。

ALT：为 AB 交替扫描显示，使 A 扫描和 B 扫描（延迟扫描）在管面上交替显示。

B：由 B 扫描进行波形显示。

B TRIG'D：是选择触发延迟和连续延迟的开关。若按下这个按钮，B 扫描就变成和 A 扫描同时被触发的状态。再按一次，B 扫描就变成自激状态。

（18）SINGLE

进行单次扫描，另外还作为单扫描的复位开关来使用。

（19）A 扫描方式开关

AUTO：在触发状态下，能稳定显示波形，在非触发状态下，扫描为自激扫描方式。

NORM：只在触发状态下波形显示在管面上，非触发状态下不显示波形。

（20）内触发信号源开关

是选择内部信号源的开关，上侧的触发信号源开关在 INT 位置时能进行 3 个触发信号的选择。

CH1：扫描电路仅被 CH1 信号触发。

CH2：扫描电路仅被 CH2 信号触发。

VERT：由显示在管面上的信号直接触发扫描电路。

（21）测试用接地端子。

（22）垂直工作方式开关

选择垂直的工作方式。

CH1：CH1 的信号显示在管面上。

CH2：CH2 的信号显示在管面上。

CHOP：是与扫描无关，大约以 300 kHz 频率相互切换通道的多踪操作，用于慢扫描的观察。

ALT：以扫描控制切换通道的多踪操作，用于快扫描的观测。

ADD：CH1 和 CH2 的信号被代数相加后显示在管面上。

（23）CH1

能调整 CH1 辉线的垂直位置。

（24）VARIABLE

套轴的内侧旋钮。使 CH1 的垂直灵敏度连续地变化。PULL ×5 MAG 把被显示的灵敏度降低到 1/2.5 以下。拉开旋钮，灵敏度扩大为原来的 5 倍。

（25）VOLTS/DIV

套轴的外侧旋钮。选择旋钮来改变 CH1 的垂直偏转因数。

（26）AC GND DC

选择 CH1 的输入信号和垂直放大器的耦合方式。

AC：用电容阻止输入信号的直流成分，只有交流成分通过。这时 1 kHz 以下的方波明显下垂，使用时必须注意。低频特性约为 4 Hz（-3 dB）。

GND：放大器的输入回路被接地。

DC：输入信号直接进入放大器。

（27）INPUT

连接 CH1 垂直输入信号的端子。作为 X-Y 示波器使用时，成为 X 轴信号的输入端子。

（28）此区域各部分功能参照（22）-（27）。

3. 实操指导

任务要求：用 DF1641D 型低频信号发生器发出一个频率为 2 kHz，幅值为 1 V 的方波波信号。并用示波器观察波形。

操作步骤指导：

（1）参照 DF1641D 型低频信号发生器"实操指导"部分内容发出一个频率为 2 kHz，幅值为 1 V 的方波信号。

（2）示波器的使用步骤：

1）接通电源，调节扫描线。

① 按下"POWER"电源开关，电源指示灯点亮。

② A 扫描方式开关置于"AUTO"位置。

③ 调整"CH1"，使"CH1"扫描线居于中心位置。

④ 调整"TENSITY"，使扫描线亮度适中。

⑤ 调整"FOCUS"使扫描线清晰。

⑥ 观察 CRT 上的水平方向 10 个 div，垂直方向 8 个 div 及中线上的小刻度。

2）观察校正信号波形。

① 将垂直工作方式开关置于"CH1"。

② 将"INPUT"置于"CAL"。

③ 将"CH1"的耦合方式置于"DC"。

④ 调整"MAIN A SWEEP"，显示一个完整波形。

⑤ 调整"LEVEL"使波形稳定。

3）改变其他按钮，观察波形的改变，分析原因。

（3）观察信号发生器发出信号波形

1）先将信号发生器发出的信号通过"OUTPUT"信号输出端通过探头接至示波器 CH1 通道的"INPUT"输入端。注意：当测量交流信号时应根据信号频率选择连接导线，低频时可以选择探头或屏蔽线，频率较高时可选择探头。

2）调整"VOLTS/DIV"和"MAIN A SWEEP"使幅度适当地显示在屏幕上。"VARIABLE"置于"CAL"位置。

3）调整"CH1"和"PULL"使波形的峰点置于垂直和水平线的交点上。

4）量出峰-峰间的垂直距离。

计算峰-峰值：V_{p-p} = 垂直距离 × VOLTS/DIV 读数 × 探头衰减系数。

测量信号频率：f = 1/水平距离 × MAIN A SWEEP 读数

5）量出信号一个周期的水平距离

计算信号周期：$T = $ 水平距离 $\times$ MAIN A SWEEP 读数

信号频率：$f = 1/T$。

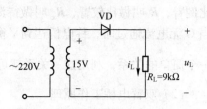

图 A-6　示波器使用实操训练电路

4. 实操训练

搭建如图 A-6 所示的半波整流电路，观测变压器二次侧输出电压 u_2 及负载电阻 R_L 两端的电源 u_L 的波形，并将观测结果绘于表 A-2 中。

表 A-2　示波器使用实操训练记录表

	波　形	
变压器 输出电压 u_2		扫描时间档位： 衰减幅度档位： 峰－峰值
	波　形	
负载电压 u_L		扫描时间档位： 衰减幅度档位： 峰－峰值

五、单、双臂电桥

1. 单、双臂电桥用途

电桥电路是电磁测量中电路连接的一种基本方式。电桥电路不仅可以使用直流电源，而且可以使用交流电源，故有直流电桥和交流电桥之分。

直流电桥主要用于电阻测量，它有单电桥和双电桥两种。前者常称为惠斯登电桥，其特点是灵敏度和准确度高，主要用于各类带有电感特性设备的直流电阻测试，特别适用于大型电力变压器、互感器的直流电阻的测量，测量电阻值的范围为 $1 \sim 10^6\,\Omega$；后者常称为开尔文电桥，用于 $10^{-3} \sim 1\,\Omega$ 范围的低值电阻测量。

2. 直流单、双臂电桥工作原理

（1）单臂电桥工作原理

图 A-7 是一个单臂电桥原理图。电阻 R_1，R_2，R_x，R_s 叫做电桥的四个臂（R_1、R_2 叫做比例臂，R_s 叫做比较臂，R_x 叫做待测臂），G 为检流计，用以检查它所在的支路有无电流。当 G 无电流通过时，称电桥达到平衡。平衡时，B、D 两点的电位相等，四个臂的阻值满足一个简单的关系，利用这一关系就可测量电阻，即：$R_x = \dfrac{R_1}{R_2} \cdot R_s$

（2）双臂电桥工作原理

双臂电桥一般用于测量 1Ω 以下的低值电阻。当待测电阻小于 1Ω 时，测量电路中的附加电阻不可忽略。双臂电桥使用四端钮电阻，可以消除附加电阻对测量结果的影响。其工作原理电路如图 A-8 所示，图中 R_x 是被测电阻，R_n 是比较用的可调电阻。R_x 和 R_n 各有两对端钮，C_1 和 C_2、C_{n1} 和 O_{n2} 是它们的电流端钮，P_1 和 P_2、P_{n1} 和 P_{n2} 是它们的电位端钮。接线时必须使被测电阻 R_x 只在电位端钮 P_1 和 P_2 之间，而电流端钮在电位端钮的外侧，否则就不能排除和减少接线电阻与接触电阻对测量结果的影响。比较用可调电阻的电流端钮 C_{n2} 与被测电阻的电流端钮 C_2 用电阻为 r 的粗导线连接起来。R_1、R'_1、R_2 和 R'_2 是桥臂电阻，其阻值均在 10Ω 以上。在结构上把 R_1 和 R'_1 以及 R_2 和 R'_2 做成同轴调节电阻，以便改变 R_1 或 R_2 的同时，R'_1 和 R'_2 也会随之变化，并能始终保持

$$\frac{R'_1}{R_1} = \frac{R'_2}{R_2}$$

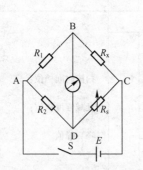

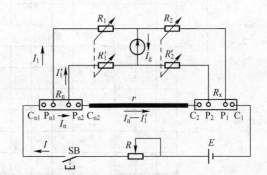

图 A-7　单臂电桥工作原理图　　　图 A-8　直流双臂电桥工作原理电路

测量时接上 R_x 调节各桥臂电阻使电桥平衡。此时，因为 $I_g = 0$，可得到被测电阻 R_x 为

$$R_x = \frac{R_2}{R_1} \cdot R_n$$

可见，被测电阻 R_x 仅取决于桥臂电阻 R_2 和 R_1 的比值及比较用可调电阻 R_n，而与粗导线电阻 r 无关。比值 R_2/R_1 称为直流双臂电桥的倍率。所以电桥平衡时

被测电阻值 = 倍率读数 × 比较用可调电阻读数

因此，为了保证测量的准确性，连接 R_x 和 R_n 电流端钮的导线应尽量选用导电性能良好且短而粗的导线。

只要能保证 $\dfrac{R'_1}{R_1} = \dfrac{R'_2}{R_2}$，$R_1$、$R'_1$、$R_2$ 和 R'_2 均大于 10Ω，r 又很小，且接线正确，直流双臂电桥就可较好地消除或减小接线电阻与接触电阻的影响。因此，用直流双臂电桥测量小电阻时，能得到较准确的测量结果。

3. 认识 QJ23 型直流单臂电桥

QJ23 型直流单臂电桥外观如图 A-9 所示。

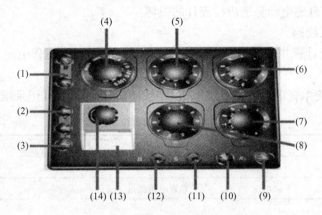

图 A-9　QJ23 型直流单臂电桥外观

下面结合图 A-9 逐一介绍各控制部分的功能：

（1）外接电源接线柱

（2）内接检流计转换接线端

（3）外接检流计转换接线端

（4）比例臂

有 0.001、0.01、0.1、1、10、100、1000 共 7 个档位的倍率转换开关。

（5）～（8）比较臂

由 4 个步进器电阻串联组成，（每个转盘由 9 个电阻值完全相同的电阻组成。即可调电阻的 9 个个位、十位、百位和千位，总电阻从 0 到 9999 Ω 变化。

（9）、（10）待测臂接线柱

（11）检流计按钮 G

（12）电源按钮 B

（13）检流计

（14）检流计调零旋钮

4. 实操指导

用 QJ23 型直流单臂电桥测量未知阻值电阻大小。

在不知道被测值大小时，应先用万用表的欧姆档进行估测并记录电阻值：

（1）将检流计处的金属接片由"内接"移到"外接"。

（2）按下检流计按钮 G 和电源按钮 B，将检流计指针调到零位。

（3）打开 B、G，拖动电阻接于 R_x 两接线柱上。

（4）根据被测电阻阻值大小选择合适的比例臂，应使比较臂的四个档位都能利用上。

（5）先按下 B，再按下 G，根据检流计指针偏转方向，调节比较臂电阻，直到指针指零。根据指针摆动情况，调整比较臂电阻至检流计指向零位，使电桥平衡。若指针向"+"方向偏摆，则需增加比较臂电阻，若针指向"－"方向偏摆，则需减小比较臂电阻。

指针为零时读出（5）～（8）比较臂对应的阻值大小，代入公式 $R_x = \dfrac{R_1}{R_2} \cdot R_s$ 即可求得

待测电阻 R_x 阻值。

（6）测量完毕，应先断开检流计按钮，后断开电源按钮，否则将因电流的突然接通和断开使被试品产生自感电动势造成检流计的损坏。

（7）拆除测试线路

（8）锁上检流计锁扣（将"内接"接线柱短路、以防搬动过程中损坏检流计）。

5. 实操训练

用 QJ23 型直流单臂电桥测量给定未知电阻阻值。将测量数据记录填在表 A–3 中。

表 A–3　QJ23 型直流单臂电桥实验记录表

万用表测量	
阻值大小	
单臂电桥测量	
比例臂倍率	
比较臂读数	
阻值大小	

附录 B　电工安全知识

一、电工安全基本知识

1. 电工作业人员的要求

（1）基本条件

电工作业是指发电、输电、变电、配电和用电装置的安装、运行、检修、试验等电工工作。电工作业人员是指直接从事电工作业的技术工人、工程技术人员及生产管理人员。电工作业人员基本条件是：

1）年满 18 周岁，身体健康，无妨碍从事本职能工作的病症和生理缺陷。

2）事业心、责任心强，工作认真负责，踏实肯干。

3）熟悉电气安全规程和设备运行操作规程。

4）能熟练掌握和运用触电急救法及人工呼吸法。

5）具有初中以上文化程度，掌握相应的电工作业安全技术、电工基础理论和专业技术知识，并具有一定的实践经验。通过安全技术培训考试合格后已取得《特种作业人员安全技术操作证》，并经定期复审合格，才能从事允许作业类范围内的电工工作。

（2）电工作业人员职责

1）无证不准上岗操作，如发现非电工人员从事电气操作，应及时制止，并报告领导。

2）严格遵守有关安全法规、规程和制度，不得违章作业。

3）对管辖区域内电气设备和线路的安全负责。

4）认真做好巡视、检查和消除隐患的工作，并及时、准确地填写工作记录和规定的表格。

5）架设临时线路和进行其他危险作业时，应完备审批手续，否则应拒绝施工。

6）积极宣传电气安全知识，有权制止违章作业和拒绝违章指挥。

2. 电气事故种类

根据电能的不同作用形式，电气事故分为触电事故、电气系统故障事故、雷电事故、电磁伤害事故和静电事故等。

（1）触电事故

1）电击

电击是指电流通过人体，刺激机体组织，使肌肉非自主地发生痉挛性收缩而造成的伤害。严重时会破坏人的心脏、肺部、神经系统的正常工作，产生危及生命的伤害。按照人体触及带电体的方式，电击可分为单相触电、两相触电、跨步电压触电。

2）电伤

这是电流的热效应、化学效应、机械效应等对人体所造成的伤害。它表现为局部伤害。电伤包括电烧伤、电烙印、皮肤金属化、机械损伤、电光眼等多种伤害。

（2）电气系统故障事故

电气系统故障是由于电能在输送、分配、转换过程中失去控制而产生的。断线、短路、异常接地、漏电、误闭合、误断开、电气设备或电气元件损坏、电子设备受电磁干扰而发生误动作等都属于电气系统故障。

（3）雷电事故

雷电是大气中的一种放电现象。雷电放电具有电流大、电压高的特点。其能量释放出来可能形成极大的破坏力，破坏作用主要有：

1）直击雷放电、二次放电、雷电流的热量会引起火灾和爆炸。

2）雷电的直接击中、金属导体的二次放电、跨步电压的作用及火灾与爆炸的间接作用，均会造成人员伤亡。

3）强大的雷电流、高电压可导致电气设备击穿或烧毁。发电机、变压器、电力线路等遭受雷击，可导致大规模停电事故。雷击可直接毁坏建筑物、构筑物。

（4）电磁伤害事故

人体在电磁场作用下，吸收辐射能量会受到不同程度的伤害，电磁场伤害主要是引起中枢神经系统功能失调。如头痛、头晕、乏力、睡眠失调、记忆力衰退等。

二、电气安全基本规定

1. 安全距离（间距）

为防止人体触及或接触带电体，确保作业者和电气设备不发生事故的电气距离称为电气安全距离。根据各种电气设备（设施）的性能、结构和工作的需要，安全距离可大致分为以下4种：

（1）各种线路的安全间距；

（2）变、配电设备的安全间距；

（3）各种用电设备的安全间距；

（4）检修、维护时的安全间距。

通常500 kV为5 m，200 kV为3 m，110 kV为1.5 m，35 kV为1 m，10 kV为0.7 m。

2. 安全色

安全色是表达安全信息的颜色，表示禁止、警告、指令、提示等意义。我国国家标准规定用红、黄、蓝、绿4种颜色作为全国通用的安全色。其含义见表B-1。

表 B-1　安全色含义和用途

颜　色	含　义	用　途
红色	禁止	禁止标志、禁止通行
	停止	停止信号，机器和车辆上紧急停止按钮及禁止触动部分
	消防	消防器材及灭火
	信号灯	电路处于通电状态
蓝色	指令	指令标志
	强制执行	必须戴安全帽，必须带绝缘手套，必须穿绝缘鞋
黄色	警告	警告标志，警戒标志，当心触电
	注意	注意安全，戴安全帽
绿色	提供信息	提示标志，启动按钮，已接地，在此工作
	安全	安全标志，安全信号旗
	通行	通信标志，从此上下
黑白色	对比色	用于各种安全色的背景色

3. 安全标志

安全标志根据国家标准规定，由安全色、几何图形和图形符号构成，用来表达特定的安全信息，按内容分为4类：

（1）禁止标志：禁止人们不安全行为。

（2）警告标志：提醒人们注意周围环境，避免可能发生的危险。

（3）指令标志：强制人们必须做出某种动作或采取某种防范措施。

（4）提示标志：向人们提供某一种信息。

常见安全标志名称及图形符号如图B-1所示。

图 B-1　安全标志名称及图形符号

三、触电急救和电气消防知识

1. 触电的危害

（1）触电概念

当人体接触设备的带电部分并有电流通过时，就会有电流流过人体，从而造成触电。触电时，电流对人体造成的伤害程度与电流流过人体的电流强度、持续时间、电流频率、电压大小及流经人体的途径等因素有关。

（2）触电原因

人直接接触带电导体、接触漏电设备，进入有导线脱落的危险电压范围，或者在静电环境中未采取相应措施都会造成触电。

（3）触电形式

常见的触电形式有单相触电、两相触电和跨步电压触电3种。

1）单相触电。

在中性点接地的电网中，人体若触及电网某一单相的带电体，便发生单相触电事故。该单相电压经人体、大地和工作接地电阻形成回路。经过人体的电流将远远超过安全电流，是十分危险的。在中性点不接地的电网中，当发生单相触电时，相电压经人体和电网分布电容形成回路，经过人体的电流仍可能会超过安全电流值，造成致命电击。

2）两相触电

人体同时触及电网不同的两相带电导体便形成两相触电，此时电流直接通过人体形成回路，因为人体承受的电压是线电压，所以两相触电的危险性比较大。

3）跨步电压触电

跨步电压产生的原因有两种：一是触电线路发生断线故障后导线接地短路，在接地点周围的地面形成电位分布不均匀的弱电场；二是雷击时，很大的电流伴随接地体流入大地产生以接地体为中心的不均匀电位分布。当人体触及跨步电压时，电流沿下半身经过人体，使双脚抽筋而跌倒引起严重的触电事故。

除此之外，还有接触电压触电、静电触电、人体串入电路触电、电容放电触电、电磁感应触电、雷击触电、剩余电荷触电等。

2. 触电急救知识

人触电以后，要首先脱离电源。但触电者往往由于痉挛或失去知觉会紧抓带电体，不能自行摆脱电源。因此触电急救最主要的是要使触电者尽快脱离电源。抢救触电者生命能否获得成功的关键则是在现场迅速而正确地进行紧急救护。

（1）解脱电源

1）低电压触电脱离电源时应注意：

① 如果开关距离触电地点很近，应迅速拉开开关或刀闸切断电源。如果发生在夜间，应准备必要的照明，以便进行抢救。

② 如果开关距离触电地点很远，可用绝缘手钳或用带有干燥木柄的斧、刀、铁锹等把电线切断，必须割断电源侧（即来电侧）的电线，而且还要注意切断的电线不可触及人体。

③ 当导线搭在人体上或压在人体下时，可用干燥的木棒、木板或其他带有绝缘柄的工具迅速将电线挑开，千万不能用任何金属或潮湿的东西去挑电线，以免救护人员触电。

④ 如果触电人的衣服是干燥的，而且并不是紧缠在身上时，救护人员可站在干燥的木板上，或用干衣服、干围巾、帽子等把自己的一只手做严格绝缘包裹，然后用这只手（千万不能用两只手）拉住触电人的衣服，把触电者脱离带电体，但不要触及触电人的皮肤。

2）高电压触电脱离电源时应注意：

① 当发生高电压触电，应迅速切断电源开关。如无法切断电源开关，应使用符合该电压等级的绝缘工具，使触电者脱离电源。急救者在抢救时，应该对该电压等级保持一定的安全距离，以保证自身安全。

② 如果人在较高处触电，必须采取保护措施，防止切断电源后触电者从高处坠落。

③ 当有人在高压线路上触电时，应迅速拉开电源开关，或用电话通知当地供电调度部门停电。

（2）紧急救护

触电者脱离电源后，现场紧急救护人员应迅速对症抢救，并且设法联系医院部门医生到现场接替救治。大致分为下列4种情况：

1）触电者神志清醒，但感觉心慌，四肢发麻，全身乏力，面色苍白，或一度昏迷，但未失去知觉，此时应将触电者抬到空气新鲜、通风良好的舒适地方躺下，休息1~2h，禁止走动，以减轻心脏负担，让他慢慢恢复正常。这时要注意保温，并作严密观察，如发现呼吸或心脏很不规律甚至停止，应迅速设法抢救。

2）触电者神志不清，有心跳，但呼吸停止或极微弱时，应立即用仰头抬额法，使气道开放，进行口对口人工呼吸。

3）触电者神志丧失，心跳停止，但有极微弱呼吸时，应立即进行心脏复苏抢救，因为这微弱的呼吸是起不到气体交换作用的。

4）触电者心跳、呼吸均停止时，应立即进行心脏复苏抢救，不得延误或中断。

触电急救的基本原则是动作迅速、方法正确。当通过人体电流较小时，仅产生麻感，对机体影响不大。当通过人体的电流增大，但小于摆脱电流时，虽可能受到强烈打击，当尚能自己摆脱电源，伤害可能不是很严重。当通过人体电流进一步增大，接近或达到致命电流时，触电人会出现神经麻痹、呼吸中断、心脏跳动停止等特征，外表呈现昏迷不醒的状态。这时，不应该认为是死亡，而应该看作是假死，并且迅速而持久地进行抢救。有触电者经过4小时或更长时间人工呼吸而得救的事例。有资料指出，从触电后1分钟开始救治者，90%有良好效果；从触电后6分钟开始救治者，10%有良好效果；从触电后12分钟开始救治者，获救的可能性很小。由此可知，动作迅速是非常重要的。必须采用正确的急救方法。施行人工呼吸和胸外心脏按压的抢救工作要坚持不断，切不可轻易停止，运送触电者去医院的途中也不能中止抢救。在抢救过程中，如发现触电者皮肤由紫变红，瞳孔由大变小，则说明抢救收到了效果；如发现触电者嘴唇稍有开、合或眼皮活动，或喉嗓间有咽东西的动作，则应注意其是否有自主心跳跳动和自主呼吸。触电者能自主呼吸时，即可停止人工呼吸。如果人工呼吸停止后，触电者仍不能自主呼吸，则应立即再做人工呼吸。急救过程中，如果触电者身上出现尸斑或身体僵冷，经医生做出无法救活的诊断后方可停止抢救。

3. 电气消防

（1）电气火灾原因

电气线路发生火灾，主要是由于线路的短路、过载或接触电阻过大等原因，产生电火花、电弧或引起电线、电缆过热，从而造成火灾。

1）短路

电气线路中的导线由于各种原因造成相线与相线，相线与零线（地线）的连接，在回路中引起电流的瞬间骤然增大的现象叫短路。线路短路时在极短的时间内会发出很大的热量，这个热量不仅能使绝缘层燃烧，而且能使金属熔化，引起邻近的易燃、可燃物质燃烧，从而造成火灾。

短路的形式有三种，相线之间相接叫相间短路；相线与零线（地线）相接叫直接接地短路；相线与接地导体相接叫间接接地短路。

短路的主要原因有：

① 使用绝缘电线、电缆时，没有按具体环境选用，使绝缘层受高温、潮湿或腐蚀等作用，失去了绝缘能力。

② 线路年久失修，绝缘层陈旧老化或受损，使线芯裸露。

③ 电源过电压，使电线绝缘层被击穿。

④ 安装、修理人员接错线路，不按规定要求私拉乱接，管理不善，维护不当，或带电作业时造成人为碰线短路。

⑤ 裸电线安装太低，金属物不慎碰在电线上；线路上有金属物件或小动物跌落，发生电线之间的跨接。

⑥ 架空线路电线间距太小，档距过大，电线松弛，有可能发生两线相碰；架空电线与建筑物、树木距离太近，使电线与建筑物或树木接触。

⑦ 电线机械强度不够，导致电线断落接触大地，或断落在另一根电线上。

⑧ 高压架空线路的绝缘子耐压程度过低，引起线路的对地短路。

2）过负荷

电气线路中允许连续通过而不致使电线过热的电流量，称为安全载流量或安全电流。如导线流过的电流超过安全电流值，就叫导线过载。当发生过载时，导线的温度超过允许工作的最高温度值，会使绝缘加速老化，甚至损坏，引起火灾事故。

过载的主要原因有：

① 导线截面积选择不当，实际负载超过了导线的安全载流量。

② 设备选用不当，线路中接入了过多或功率过大的电气设备，超过了配电线路的负载能力，造成"小马拉大车"。

③ 设备使用不合理，未按技术要求或运行说明使用。

防止过载的措施有：合理选用导线截面；切忌乱拉电线和过多地接入负载；定期检查线路负载与设备增减情况；安装相应的保险或自动开关。

3）接触电阻过大

导体连接时，在接触面上形成的电阻称为接触电阻。接头处理良好，则接触电阻小；连接不牢或其他原因，使接头接触不良，则会导致局部接触电阻过大，产生高温，使金属变色甚至熔化，引起绝缘材料中可燃物燃烧。

发生接触电阻过大的主要原因有：

① 安装质量差，造成导线与导线、导线与电气设备连接点连接不牢或连接点由于长期震动或冷热变化，使接头松动。

② 导线的连接处沾有杂质，如氧化层、泥土、油污等。

③ 铜铝混接时，由于接头处理不当，在电腐蚀作用下接触电阻会很快增大。

防止接触电阻过大的措施有：应尽量减少不必要的接头，对于必不可少的接头，必须紧密结合，牢固可靠；铜芯导线采用铰接时，应尽量再进行锡焊处理，一般应采用焊接和压接；铜铝相接应采用铜铝接头，并用压接法连接；经常进行检查测试，发现问题，及时处理。

（2）电气灭火

根据用电情况，要配置相适应的二氧化碳、干粉1211等灭电火的消防器材，当电气火灾发生的时候，立即使用有效的器材扑灭电气火灾。扑救电气火灾首先要切断电源，然后根据火灾现场情况采取适当方法扑救火灾。如果因特殊情况，必须带电灭火时应该注意，对初起的电气火灾可用灭电火的灭火剂和灭火器灭火，为了保证灭火人员和车辆的安全，应当使人体与带电体之间保持2 m以上的距离。如电压为110 kV时，最小安全距离为1 m，电压为330 kV时，最小安全距离为2.4 m。有些单位设有固定式或半固定式灭火装置，可以迅速启动，扑灭电气设备火灾。用水带电灭火，最好用喷雾水枪，也可以用直流水枪打点射灭火。

四、电气安全装置

1. 漏电保护装置

低压配电系统中装设漏电保护器（剩余电流动作保护器）是防止电击事故的有效措施之一，也是防止漏电引起电气火灾和电气设备损坏事故的技术措施。漏电保护器，是指当电路中的漏电电流超过允许值时，能够自动切断电源或报警的漏电保护装置，包括各类漏电断路器、带漏电保护的插头（座）、漏电保护继电器、漏电火灾报警器、带漏电保护功能的组合电器等。

漏电保护器的选用应根据保护方式、使用目的、安装场所、电压等级和被控制回路的漏电电流及用电设备的接地电阻数值来确定：

（1）根据保护方式选用：用于直接接触电击防护时，应选用高灵敏度、快速动作型的漏电保护器。动作电流不超过30 mA。用于间接接触电击防护，主要是采用自动切断电源的保护方式，以防止发生接地故障电气设备的外露可导电部分持续带有危险电压而产生电击的危险。

（2）根据电气设备的供电方式选用：单相220 V电源供电的电气设备应选用二极二线式或单极二线式漏电保护器；三相三线式380 V电源供电的电气设备，应选用三级式漏电保护器；三相四线式380 V电源供电的电气设备，或单相设备与三相设备共用的电路，应选用三极四线式、四极四线式漏电保护器。

（3）根据电气线路的正常泄漏电流，选择漏电保护器的额定漏电动作电流。选择漏电保护器的额定漏电动作电流值时，应充分考虑到被保护线路和设备可能发生的正常泄漏电流值，必要时可通过实际测量取得被保护线路或设备的泄漏电流值；选用的漏电保护器的额定漏电不动作电流，应不小于电气线路和设备的正常泄漏电流的最大值的2倍。

2. 绝缘检测

电力设备在运行过程中受到电、热、机械、不良环境等因素的影响，其绝缘性能逐渐劣化，以致出现缺陷，造成故障，引起供电中断。要通过绝缘试验和各种特性的测量，了解并评估绝缘在运行过程中的状态，从而尽早发现故障。

3. 击穿保险器

采用击穿保险器是为了防止在不接地低压配电系统和电压互感器中性点由于电压升高而造成绝缘击穿。它由两片铜制电极夹以带孔的云母片制成，击穿电压为数百伏。

五、接地知识

1. 接地与接地装置

（1）接地一般是指电气装置为达到安全的目的，采用包括接地极、接地母线、接地线的接地系统与大地做成电气连接，即接大地；或者电气装置与某一基准电位点做电气连接，即接基准地。

（2）接地装置是指埋设在地下的接地电极与由该接地电极到设备之间的连接导线的总称，由埋入土中的接地体（角钢、扁钢、钢管等）和连接用的接地线构成。

2. 中性点与零点

电力系统中的中性点是指三相星形联结中三相导线的公共结点。零点是指直接接地的中性点。

3. 电气接地的种类

电气接地按其不同的作用分为工作接地、重复接地、保护接地、保护接零和其他保护接地等。

（1）工作接地：将电力系统中的某一点（多在变压器低压侧）直接接地或经特殊装置接地。作用是保障电气设备可靠运行降低人体接触电压。

（2）重复接地：是将零线上的一点或多点与地再次做金属连接。作用是当系统发生短路时，降低零线对地电压，或减低零线断线时的故障程度。

（3）保护接地：将与带电部分相绝缘的电气设备的金属外壳或架构同接地体间做良好的连接。作用是防止因绝缘破坏而遭到触电危险。

（4）保护接零：将与带电部分相绝缘的电气设备的金属外壳或架构同中性点直接接地系统相连接。作用是当电气设备发生单相短路时，使保护设备迅速动作断开故障设备，避免人体触电危险。1 kV 以下的中性点直接接地系统必须采取接零保护。

六、安全用具与安全措施

1. 电工安全用具

电工安全用具是用来防止静电、坠落、灼伤等工伤事故、保障工作人员的安全。它主要包括绝缘安全用具（绝缘棒、绝缘夹钳、绝缘手套和绝缘靴、绝缘台、绝缘垫和绝缘毯）、电压和电流指示器（高、低压验电器）、登高安全用具（安全帽、安全绳）、检修中的临时接地线、遮拦和标志牌等。

2. 电气作业安全措施

（1）组织管理措施

1）建立完善的电气安全管理机构，实现专人管理责任制。

2）制定合理的规章制度管理，制定安全操作规程。

（2）技术措施

1）触电防护措施：

① 采用安全电压

② 保证电气设备的绝缘性能

③ 采取屏护

④ 保证安全距离

⑤ 合理选用电气装置

⑥ 装设漏电保护装置

⑦ 做好保护接地与接零

2）作业安全措施：

① 停电：待检修设备必须停电。

② 验电：确认验电设备良好、等级合适，对检修设备进、出两侧分别验电。

③ 装设接地线：验电确定无电压后，将检修设备接地并三相短路，释放剩余电荷。

④ 悬挂"禁止合闸、有人工作"标示牌和装设遮拦。

3. 电工安全操作规程

（1）应穿戴工作服和绝缘鞋，工作前检查工具、测量仪表和防护工具是否完好。

（2）安装或维修电气设备，要清扫场地和工作台面，防止灰尘等落入电气设备造成故障。

（3）对设备进行检修前，必须切断电源并悬挂"停电作业"标识牌。

（4）停电作业时，必须先用验电笔检查是否有电，方可进行工作。检修完毕，送电前进行检查，方可送电。低压开关断电操作顺序：断开低压各分路空气开关、隔离开关→断开低压总开关；送电顺序与断电相反。高压隔离开关断电操作顺序：断开低压各分路空气开关、隔离开关→断开低压总开关→断开高压油开关→断开高压隔离开关；送电操作顺序和断电顺序相反。

（5）高空作业时，必须系好安全带、工具袋，禁止上、下抛东西。坚持"四不上"，即梯子不牢不上、安全工具不可靠不上、没有监护不上、线路识别不明不上。高空作业执行停送电工作票制度，做到无票不上杆，不交票不送电。

（6）一般用（临时）的电气设备与电源相接时，禁止直接或搭挂，需装临时开关或刀开关。

（7）对变压器进行维修时，高、低压侧均需断开线路电源及负荷线并短放电，防止意外发生高压等危险。

（8）带电作业时，必须做好安全保护措施，戴安全帽，穿长袖衣衫，使用有绝缘手柄的工具，站在干燥绝缘物体上，必须由二人进行（一人操作、一人监护）。上杆前，确认好相线、零线；断开导线时，应先断开相线，后断开零线；搭接导线时，顺序相反；人体不得同时接触2根线头。

（9）倒闸操作规程：

倒闸：通过操作开关将电气设备由一种状态切换到另一种状态（运行、备用和检修）的操作。倒闸操作必须执行操作票制和工作监护制。

① 高压双电源用户，作倒闸操作，必须事先与供电局联系，取得同意或得到供电局通知后，按规定时间进行，不得私自随意倒闸。

② 倒闸操作必须先送合空闲的一路，再停止原来一路，以免用户受影响。

③ 发生故障未查明原因，不得进行倒闸操作。

④ 两个倒闸开关，在每次操作后均应立即上锁，同时挂警告字牌。

⑤ 倒闸操作必须由二人进行（一人操作、一人监护）。

附录 C 职业道德及职业守则

一、职业道德

1. 道德

道德是一个庞大的体系，职业道德是这个庞大体系中的一个重要组成部分，也是劳动者素质结构中的重要组成部分，职业道德与劳动者素质之间关系密切。加强职业道德建设，有利于促进良好社会风气的形成，增强人们的社会公德意识。人们的社会公德意识增强，也能进一步促进职业道德建设，引导从业人员的思想和行为朝着正确的方向前进，促进社会文明水平的全面提高。

马克思主义理论认为，道德是人类社会特有的，由社会经济关系决定的，依靠内心信念和社会舆论、风俗习惯等方式来调整人与人之间、个人与社会之间以及人与自然之间的关系的特殊行为规范的总和。

根据道德的表现形式，通常人们把道德分为家庭美德、社会公德和职业道德三大领域。作为从事社会某一特定职业的从业者，要结合自身实际，加强职业道德修养，承担职业道德责任。同时作为社会和家庭成员，也要加强社会公德、家庭美德修养，承担自己应尽的社会责任和家庭责任。

2. 职业道德

（1）职业道德的内涵

职业道德是从事一定职业的人们在职业活动中应该遵循的，依靠社会舆论、传统习惯和内心信念来维持的行为规范的总和。它调节从业人员与服务对象、从业人员之间、从业人员与职业之间的关系。它是职业或行业范围内的特殊要求，是社会道德在职业领域的具体表现。

（2）职业道德的基本要素

1）职业理想

职业理想即人们对职业活动目标的追求和向往，是人们的世界观、人生观、价值观在职业活动中的集中体现。它是形成职业态度的基础，是实现职业目标的精神动力。

2）职业态度

职业态度即人们在一定社会环境的影响下，通过职业活动和自身体验所形成的、对岗位工作的一种相对稳定的劳动态度和心理倾向。它是从业者精神境界、职业道德素质和劳动态度的重要体现。

3）职业义务

职业义务即人们在职业活动中自觉地履行对他人、社会应尽的职业责任。我国的每一个从业者都有维护国家、集体利益，为人民服务的职业义务。

4）职业纪律

职业纪律即从业者在岗位工作中必须遵守的规章、制度、条例等职业行为规范。例如，国家公务员必须廉洁奉公、甘当公仆，司法人员必须秉公执法。这些规定和纪律要求，都是从业者做好本职工作的必要条件。

5）职业良心

职业良心即从业者在履行职业义务中所形成的对职业责任的自觉意识和自我评价活动。例如，商业人员的职业良心是"诚实无欺"，医生的职业良心是"治病救人"。从业人员做到这些，良心会得到安宁；反之，内心则会产生不安和愧疚感。

6）职业荣誉

职业荣誉即社会对从业者职业道德活动的价值所做出的褒奖和肯定评价，以及从业者在主观认识上对自己职业道德活动的一种自尊、自爱的荣辱意向。

7）职业作风

职业作风即从业者在职业活动中表现出来的相对稳定的工作态度和职业风范。从业者在职业岗位中表现出来的尽职尽责、诚实守信、奋力拼搏、艰苦奋斗的作风等，都属于职业作风。职业作风是一种无形的精神力量，对其所从事事业的成功具有重要作用。

（3）职业道德的特征

1）鲜明的行业性

行业之间存在差异，各行业对从业者的职业道德也各不相同。

2）适用范围上的有限性

一方面，职业道德只适用于从业人员的岗位活动；另一方面，不同职业道德之间也有共同特征和要求，存在共通内容，但在某一特定行业和具体的岗位上，必须有与该行业、该岗位相适应的具体的职业道德规范，这些规范不能对其他行业和岗位的从业人员起作用。

3）表现形式的多样性

职业领域的多样性决定了职业道德表现形式的多样性。社会分工越来越细、越来越专，各行各业为适应本行业的行业公约、规章制度、员工守则、岗位职责等要求，都会将职业道德的基本要求规范化、具体化，使职业道德的具体规范和要求呈现多样化。

4）一定的强制性

职业道德本身并不存在强制性，但与职业责任和职业纪律紧密相连，其总体要求与职业纪律和行业法规具有重叠内容。当从业人员违反了具有一定法律效力的职业章程、职业合同、职业责任、操作规程，给企业和社会带来损失和危害时，职业道德就将用具体的评价标准，对其进行处罚。

5）相对稳定性

职业一般处于相对稳定的状态，决定了反映职业要求的职业道德必然处于相对稳定的状态。例如，商业行业的"童叟无欺"，医务行业的"救死扶伤"等职业道德，千百年来为从事相关行业的人们所传承。

6）利益相关性

职业道德与物质利益具有一定的相关性。利益是道德的基础，各种职业道德规范及表现状况，关系到从业人员的利益。对于爱岗敬业的员工，单位不仅应该给予精神方面的鼓励，也应该给予物质方面的褒奖；相反，违背职业道德、漠视工作的员工则应受到批评，严重者还应受到法律处罚。

二、职业守则

根据中华人民共和国人力资源和社会保障部所制定的《国家职业技能标准——维修电工》（2009年修订）的要求，维修电工的职业守则包括六个方面："遵守法律、法规和有关规定；爱岗敬业，具有高度的责任心；严格执行工作程序、工作规范、工艺文件和安全操作规程；工作认真负责，团结合作；爱护设备及工具，保持工作环境清洁有序，文明生产；着装整洁，符合规定。"这六个方面既独立成章又相互联系，作为一个维修电工的从业人员只有充分理解并努力实践这六条职业道德守则，才可能真正做好工作，成为一个合格的维修电工。

1. 遵守法律、法规和有关规定

法律、法规在这里泛指包括宪法、法律、行政法规、地方性法规、自治条例、单行条例、国务院部门规章和地方政府规章等规范性文件。在依法治国的今天，法律、法规在人们生活中的作用越来越大。一个合格的维修电工必须具有先进的法律意识，掌握相关的法律规定，同时正确认识到自己的法律地位、法律权利、法律责任，做到知法、讲法、守法，遵守法律规定，履行法律义务，杜绝违法犯罪行为。只有这样，才能保证维修电工工作任务的出色完成。

2. 爱岗敬业，具有高度的责任心

爱岗敬业的具体要求包括：

（1）树立职业理想

职业理想是指人们对未来工作部门和工作种类的向往和对现行职业发展将达到什么水平、程度的憧憬。

（2）强化职业责任

职业责任是指人们在一定职业活动中所承担的特定的职责，它包括人们应该做的工作以及应该承担的义务。

（3）提高职业技能

职业技能也称职业能力，是指人们进行职能活动履行职业责任的能力和手段。

它包括从业人员的实际操作能力，义务处理能力、技术能力以及与职业有关的理论知识。

3. 严格执行工作程序、工作规范、工艺文件和安全操作规程

维修电工的工艺文件规定了与维修电工有关的生产方法和实施要求，包括安全用电及节约用电、电工常用工具及仪表、常用低压电器、室内线路及照明、电动机基本控制线路等。维修电工的工艺文件是维修电工生产活动的指导性文件，严格执行维修电工工艺是保证电工生产质量的前提和基础。

在维修电工的具体操作中，为了保证人身和设备安全，各种设备、工具、仪器、仪表等都制定了严格的安全操作规程，每个维修电工需认真学习、领会各种规程，并严格执行，以保证安全生产。

4. 工作认真负责，团结合作

工作认真负责是指以认真、负责的态度对待自己的工作，勤勤恳恳，兢兢业业，忠于职守，尽职尽责。岗位就意味着责任。维修电工要高标准、高质量地完成工作，必须有强烈的职责意识，必须有认真负责的态度。维修电工每个人都在自己的岗位上承担着平凡而又责任重大的工作，没有较强的敬业精神和工作责任心就不可能做好本职工作。不爱岗就会下岗，不敬业就会失业！

团结互助是指在人与人之间的关系中，为了实现共同的利益和目标，互相帮助，互相支持，团结协作，共同发展。

（1）平等尊重

平等尊重是指在社会生活和人们的职业活动中，不管彼此之间的社会地位、生活条件、工作性质有多大差别，都应一视同仁，平等相待，相互尊重，相互信任。上下级之间平等尊重；同事之间相互尊重；师徒之间相互尊重；尊重服务对象。

（2）顾全大局

顾全大局是指在处理个人和集团利益的关系上，要树立全局观念，不计较个人利益，自觉服从整体利益的需要。

（3）互相学习

互相学习，首先就要做到谦虚谨慎，学人之长。向师长学，向同行学，向后生学，向社会各类有经验、长处的人学习。

（4）加强协作

加强协作作为团结互助道德规范的一项基本要求，是指在职业活动中，为了协调从业人员之间，包括工序之间、工种之间、岗位之间、部门之间的关系，完成职业工作任务，彼此之间互相帮助、互相支持、密切配合，搞好协作。

5. 爱护设备及工具；保持工作环境清洁有序，文明生产

在维修电工生产现场，各种设备、工具及辅助工具等要有序摆放，生产所需的零、部件要放到指定位置，卫生设施完好，生产场地清洁、有序，创造一个文明、舒适的工作环境，塑造企业良好形象。

6. 着装整洁、符合规定

维修电工在上班时间要求着装整洁，符合规定，如公司有规定的必须按公司要求统一着装。保持衣帽整洁，工作服衣扣需扣齐。工装需干净、平整，不得出现油渍、污渍、血渍等污迹。夏季男同志不可光着上身穿工装，下身不可穿短裤或运动裤；女同志长发应该戴工作帽，不得穿裙装。工作期间必须穿工装，禁止穿奇装异服。

附录 D　相关法律法规

一、中华人民共和国劳动合同法

（已根据 2013.07.01 实施的修正案修改）

第一章　总则

第一条　为了完善劳动合同制度，明确劳动合同双方当事人的权利和义务，保护劳动者的合法权益，构建和发展和谐稳定的劳动关系，制定本法。

第二条　中华人民共和国境内的企业、个体经济组织、民办非企业单位等组织（以下称用人单位）与劳动者建立劳动关系，订立、履行、变更、解除或者终止劳动合同，适用本法。

国家机关、事业单位、社会团体和与其建立劳动关系的劳动者，订立、履行、变更、解除或者终止劳动合同，依照本法执行。

第三条　订立劳动合同，应当遵循合法、公平、平等自愿、协商一致、诚实信用的原则。

依法订立的劳动合同具有约束力，用人单位与劳动者应当履行劳动合同约定的义务。

第四条　用人单位应当依法建立和完善劳动规章制度，保障劳动者享有劳动权利、履行劳动义务。

用人单位在制定、修改或者决定有关劳动报酬、工作时间、休息休假、劳动安全卫生、保险福利、职工培训、劳动纪律以及劳动定额管理等直接涉及劳动者切身利益的规章制度或者重大事项时，应当经职工代表大会或者全体职工讨论，提出方案和意见，与工会或者职工代表平等协商确定。

在规章制度和重大事项决定实施过程中，工会或者职工认为不适当的，有权向用人单位提出，通过协商予以修改完善。

用人单位应当将直接涉及劳动者切身利益的规章制度和重大事项决定公示，或者告知劳动者。

第五条　县级以上人民政府劳动行政部门会同工会和企业方面代表，建立健全协调劳动关系三方机制，共同研究解决有关劳动关系的重大问题。

第六条　工会应当帮助、指导劳动者与用人单位依法订立和履行劳动合同，并与用人单位建立集体协商机制，维护劳动者的合法权益。

第二章　劳动合同的订立

第七条　用人单位自用工之日起即与劳动者建立劳动关系。用人单位应当建立职工名册备查。

第八条　用人单位招用劳动者时，应当如实告知劳动者工作内容、工作条件、工作地点、职业危害、安全生产状况、劳动报酬，以及劳动者要求了解的其他情况；用人单位有权了解劳动者与劳动合同直接相关的基本情况，劳动者应当如实说明。

第九条　用人单位招用劳动者，不得扣押劳动者的居民身份证和其他证件，不得要求劳动者提供担保或者以其他名义向劳动者收取财物。

第十条　建立劳动关系，应当订立书面劳动合同。

已建立劳动关系，未同时订立书面劳动合同的，应当自用工之日起一个月内订立书面劳动合同。

用人单位与劳动者在用工前订立劳动合同的，劳动关系自用工之日起建立。

第十一条　用人单位未在用工的同时订立书面劳动合同，与劳动者约定的劳动报酬不明确的，新招用的劳动者的劳动报酬按照集体合同规定的标准执行；没有集体合同或者集体合同未规定的，实行同工同酬。

第十二条　劳动合同分为固定期限劳动合同、无固定期限劳动合同和以完成一定工作任务为期限的劳动合同。

第十三条　固定期限劳动合同，是指用人单位与劳动者约定合同终止时间的劳动合同。

用人单位与劳动者协商一致，可以订立固定期限劳动合同。

第十四条　无固定期限劳动合同，是指用人单位与劳动者约定无确定终止时间的劳动合同。

用人单位与劳动者协商一致，可以订立无固定期限劳动合同。有下列情形之一，劳动者提出或者同意续订、订立劳动合同的，除劳动者提出订立固定期限劳动合同外，应当订立无固定期限劳动合同：

（一）劳动者在该用人单位连续工作满十年的；

（二）用人单位初次实行劳动合同制度或者国有企业改制重新订立劳动合同时，劳动者在该用人单位连续工作满十年且距法定退休年龄不足十年的；

（三）连续订立二次固定期限劳动合同，且劳动者没有本法第三十九条和第四十条第一项、第二项规定的情形，续订劳动合同的。

用人单位自用工之日起满一年不与劳动者订立书面劳动合同的，视为用人单位与劳动者已订立无固定期限劳动合同。

第十五条 以完成一定工作任务为期限的劳动合同，是指用人单位与劳动者约定以某项工作的完成为合同期限的劳动合同。

用人单位与劳动者协商一致，可以订立以完成一定工作任务为期限的劳动合同。

第十六条 劳动合同由用人单位与劳动者协商一致，并经用人单位与劳动者在劳动合同文本上签字或者盖章生效。

劳动合同文本由用人单位和劳动者各执一份。

第十七条 劳动合同应当具备以下条款：

（一）用人单位的名称、住所和法定代表人或者主要负责人；

（二）劳动者的姓名、住址和居民身份证或者其他有效身份证件号码；

（三）劳动合同期限；

（四）工作内容和工作地点；

（五）工作时间和休息休假；

（六）劳动报酬；

（七）社会保险；

（八）劳动保护、劳动条件和职业危害防护；

（九）法律、法规规定应当纳入劳动合同的其他事项。

劳动合同除前款规定的必备条款外，用人单位与劳动者可以约定试用期、培训、保守秘密、补充保险和福利待遇等其他事项。

第十八条 劳动合同对劳动报酬和劳动条件等标准约定不明确，引发争议的，用人单位与劳动者可以重新协商；协商不成的，适用集体合同规定；没有集体合同或者集体合同未规定劳动报酬的，实行同工同酬；没有集体合同或者集体合同未规定劳动条件等标准的，适用国家有关规定。

第十九条 劳动合同期限三个月以上不满一年的，试用期不得超过一个月；劳动合同期限一年以上不满三年的，试用期不得超过二个月；三年以上固定期限和无固定期限的劳动合同，试用期不得超过六个月。

同一用人单位与同一劳动者只能约定一次试用期。

以完成一定工作任务为期限的劳动合同或者劳动合同期限不满三个月的，不得约定试用期。

试用期包含在劳动合同期限内。劳动合同仅约定试用期的，试用期不成立，该期限为劳动合同期限。

第二十条 劳动者在试用期的工资不得低于本单位相同岗位最低档工资或者劳动合同约定工资的百分之八十，并不得低于用人单位所在地的最低工资标准。

第二十一条　在试用期中，除劳动者有本法第三十九条和第四十条第一项、第二项规定的情形外，用人单位不得解除劳动合同。用人单位在试用期解除劳动合同的，应当向劳动者说明理由。

第二十二条　用人单位为劳动者提供专项培训费用，对其进行专业技术培训的，可以与该劳动者订立协议，约定服务期。

劳动者违反服务期约定的，应当按照约定向用人单位支付违约金。违约金的数额不得超过用人单位提供的培训费用。用人单位要求劳动者支付的违约金不得超过服务期尚未履行部分所应分摊的培训费用。

用人单位与劳动者约定服务期的，不得影响按照正常的工资调整机制提高劳动者在服务期期间的劳动报酬。

第二十三条　用人单位与劳动者可以在劳动合同中约定保守用人单位的商业秘密和与知识产权相关的保密事项。

对负有保密义务的劳动者，用人单位可以在劳动合同或者保密协议中与劳动者约定竞业限制条款，并约定在解除或者终止劳动合同后，在竞业限制期限内按月给予劳动者经济补偿。劳动者违反竞业限制约定的，应当按照约定向用人单位支付违约金。

第二十四条　竞业限制的人员限于用人单位的高级管理人员、高级技术人员和其他负有保密义务的人员。竞业限制的范围、地域、期限由用人单位与劳动者约定，竞业限制的约定不得违反法律、法规的规定。

在解除或者终止劳动合同后，前款规定的人员到与本单位生产或者经营同类产品、从事同类业务的有竞争关系的其他用人单位，或者自己开业生产或者经营同类产品、从事同类业务的竞业限制期限，不得超过二年。

第二十五条　除本法第二十二条和第二十三条规定的情形外，用人单位不得与劳动者约定由劳动者承担违约金。

第二十六条　下列劳动合同无效或者部分无效：

（一）以欺诈、胁迫的手段或者乘人之危，使对方在违背真实意思的情况下订立或者变更劳动合同的；

（二）用人单位免除自己的法定责任、排除劳动者权利的；

（三）违反法律、行政法规强制性规定的。

对劳动合同的无效或者部分无效有争议的，由劳动争议仲裁机构或者人民法院确认。

第二十七条　劳动合同部分无效，不影响其他部分效力的，其他部分仍然有效。

第二十八条　劳动合同被确认无效，劳动者已付出劳动的，用人单位应当向劳动者支付劳动报酬。劳动报酬的数额，参照本单位相同或者相近岗位劳动者的劳动报酬确定。

第三章　劳动合同的履行和变更

第二十九条　用人单位与劳动者应当按照劳动合同的约定，全面履行各自的义务。

第三十条　用人单位应当按照劳动合同约定和国家规定，向劳动者及时足额支付劳动报酬。

用人单位拖欠或者未足额支付劳动报酬的，劳动者可以依法向当地人民法院申请支付令，人民法院应当依法发出支付令。

第三十一条　用人单位应当严格执行劳动定额标准，不得强迫或者变相强迫劳动者加班。用人单位安排加班的，应当按照国家有关规定向劳动者支付加班费。

第三十二条　劳动者拒绝用人单位管理人员违章指挥、强令冒险作业的，不视为违反劳动合同。

劳动者对危害生命安全和身体健康的劳动条件，有权对用人单位提出批评、检举和控告。

第三十三条　用人单位变更名称、法定代表人、主要负责人或者投资人等事项，不影响劳动合同的履行。

第三十四条　用人单位发生合并或者分立等情况，原劳动合同继续有效，劳动合同由承继其权利和义务的用人单位继续履行。

第三十五条　用人单位与劳动者协商一致，可以变更劳动合同约定的内容。变更劳动合同，应当采用书面形式。

变更后的劳动合同文本由用人单位和劳动者各执一份。

第四章　劳动合同的解除和终止

第三十六条　用人单位与劳动者协商一致，可以解除劳动合同。

第三十七条　劳动者提前三十日以书面形式通知用人单位，可以解除劳动合同。劳动者在试用期内提前三日通知用人单位，可以解除劳动合同。

第三十八条　用人单位有下列情形之一的，劳动者可以解除劳动合同：

（一）未按照劳动合同约定提供劳动保护或者劳动条件的；

（二）未及时足额支付劳动报酬的；

（三）未依法为劳动者缴纳社会保险费的；

（四）用人单位的规章制度违反法律、法规的规定，损害劳动者权益的；

（五）因本法第二十六条第一款规定的情形致使劳动合同无效的；

（六）法律、行政法规规定劳动者可以解除劳动合同的其他情形。

用人单位以暴力、威胁或者非法限制人身自由的手段强迫劳动者劳动的，或者用人单位违章指挥、强令冒险作业危及劳动者人身安全的，劳动者可以立即解除劳动合同，不需事先告知用人单位。

第三十九条　劳动者有下列情形之一的，用人单位可以解除劳动合同：

（一）在试用期间被证明不符合录用条件的；

（二）严重违反用人单位的规章制度的；

（三）严重失职，营私舞弊，给用人单位造成重大损害的；

（四）劳动者同时与其他用人单位建立劳动关系，对完成本单位的工作任务造成严重影响，或者经用人单位提出，拒不改正的；

（五）因本法第二十六条第一款第一项规定的情形致使劳动合同无效的；

（六）被依法追究刑事责任的。

第四十条　有下列情形之一的，用人单位提前三十日以书面形式通知劳动者本人或者额外支付劳动者一个月工资后，可以解除劳动合同：

（一）劳动者患病或者非因工负伤，在规定的医疗期满后不能从事原工作，也不能从事由用人单位另行安排的工作的；

（二）劳动者不能胜任工作，经过培训或者调整工作岗位，仍不能胜任工作的；

（三）劳动合同订立时所依据的客观情况发生重大变化，致使劳动合同无法履行，经用人单位与劳动者协商，未能就变更劳动合同内容达成协议的。

第四十一条 有下列情形之一，需要裁减人员二十人以上或者裁减不足二十人但占企业职工总数百分之十以上的，用人单位提前三十日向工会或者全体职工说明情况，听取工会或者职工的意见后，裁减人员方案经向劳动行政部门报告，可以裁减人员：

（一）依照企业破产法规定进行重整的；

（二）生产经营发生严重困难的；

（三）企业转产、重大技术革新或者经营方式调整，经变更劳动合同后，仍需裁减人员的；

（四）其他因劳动合同订立时所依据的客观经济情况发生重大变化，致使劳动合同无法履行的。

裁减人员时，应当优先留用下列人员：

（一）与本单位订立较长期限的固定期限劳动合同的；

（二）与本单位订立无固定期限劳动合同的；

（三）家庭无其他就业人员，有需要扶养的老人或者未成年人的。

用人单位依照本条第一款规定裁减人员，在六个月内重新招用人员的，应当通知被裁减的人员，并在同等条件下优先招用被裁减的人员。

第四十二条 劳动者有下列情形之一的，用人单位不得依照本法第四十条、第四十一条的规定解除劳动合同：

（一）从事接触职业病危害作业的劳动者未进行离岗前职业健康检查，或者疑似职业病病人在诊断或者医学观察期间的；

（二）在本单位患职业病或者因工负伤并被确认丧失或者部分丧失劳动能力的；

（三）患病或者非因工负伤，在规定的医疗期内的；

（四）女职工在孕期、产期、哺乳期的；

（五）在本单位连续工作满十五年，且距法定退休年龄不足五年的；

（六）法律、行政法规规定的其他情形。

第四十三条 用人单位单方解除劳动合同，应当事先将理由通知工会。用人单位违反法律、行政法规规定或者劳动合同约定的，工会有权要求用人单位纠正。用人单位应当研究工会的意见，并将处理结果书面通知工会。

第四十四条 有下列情形之一的，劳动合同终止：

（一）劳动合同期满的；

（二）劳动者开始依法享受基本养老保险待遇的；

（三）劳动者死亡，或者被人民法院宣告死亡或者宣告失踪的；

（四）用人单位被依法宣告破产的；

（五）用人单位被吊销营业执照、责令关闭、撤销或者用人单位决定提前解散的；

（六）法律、行政法规规定的其他情形。

第四十五条 劳动合同期满，有本法第四十二条规定情形之一的，劳动合同应当续延至相应的情形消失时终止。但是，本法第四十二条第二项规定丧失或者部分丧失劳动能力劳动者的劳动合同的终止，按照国家有关工伤保险的规定执行。

第四十六条 有下列情形之一的，用人单位应当向劳动者支付经济补偿：

（一）劳动者依照本法第三十八条规定解除劳动合同的；

（二）用人单位依照本法第三十六条规定向劳动者提出解除劳动合同并与劳动者协商一致解除劳动合同的；

（三）用人单位依照本法第四十条规定解除劳动合同的；

（四）用人单位依照本法第四十一条第一款规定解除劳动合同的；

（五）除用人单位维持或者提高劳动合同约定条件续订劳动合同，劳动者不同意续订的情形外，依照本法第四十四条第一项规定终止固定期限劳动合同的；

（六）依照本法第四十四条第四项、第五项规定终止劳动合同的；

（七）法律、行政法规规定的其他情形。

第四十七条 经济补偿按劳动者在本单位工作的年限，每满一年支付一个月工资的标准向劳动者支付。六个月以上不满一年的，按一年计算；不满六个月的，向劳动者支付半个月工资的经济补偿。

劳动者月工资高于用人单位所在直辖市、设区的市级人民政府公布的本地区上年度职工月平均工资三倍的，向其支付经济补偿的标准按职工月平均工资三倍的数额支付，向其支付经济补偿的年限最高不超过十二年。

本条所称月工资是指劳动者在劳动合同解除或者终止前十二个月的平均工资。

第四十八条 用人单位违反本法规定解除或者终止劳动合同，劳动者要求继续履行劳动合同的，用人单位应当继续履行；劳动者不要求继续履行劳动合同或者劳动合同已经不能继续履行的，用人单位应当依照本法第八十七条规定支付赔偿金。

第四十九条 国家采取措施，建立健全劳动者社会保险关系跨地区转移接续制度。

第五十条 用人单位应当在解除或者终止劳动合同时出具解除或者终止劳动合同的证明，并在十五日内为劳动者办理档案和社会保险关系转移手续。

劳动者应当按照双方约定，办理工作交接。用人单位依照本法有关规定应当向劳动者支付经济补偿的，在办结工作交接时支付。

用人单位对已经解除或者终止的劳动合同的文本，至少保存二年备查。

第五章 特别规定

第一节 集体合同

第五十一条 企业职工一方与用人单位通过平等协商，可以就劳动报酬、工作时间、休息休假、劳动安全卫生、保险福利等事项订立集体合同。集体合同草案应当提交职工代表大会或者全体职工讨论通过。

集体合同由工会代表企业职工一方与用人单位订立；尚未建立工会的用人单位，由上级工会指导劳动者推举的代表与用人单位订立。

第五十二条 企业职工一方与用人单位可以订立劳动安全卫生、女职工权益保护、工资调整机制等专项集体合同。

第五十三条 在县级以下区域内，建筑业、采矿业、餐饮服务业等行业可以由工会与企业方面代表订立行业性集体合同，或者订立区域性集体合同。

第五十四条 集体合同订立后，应当报送劳动行政部门；劳动行政部门自收到集体合同文本之日起十五日内未提出异议的，集体合同即行生效。

依法订立的集体合同对用人单位和劳动者具有约束力。行业性、区域性集体合同对当地本行业、本区域的用人单位和劳动者具有约束力。

第五十五条　集体合同中劳动报酬和劳动条件等标准不得低于当地人民政府规定的最低标准；用人单位与劳动者订立的劳动合同中劳动报酬和劳动条件等标准不得低于集体合同规定的标准。

第五十六条　用人单位违反集体合同，侵犯职工劳动权益的，工会可以依法要求用人单位承担责任；因履行集体合同发生争议，经协商解决不成的，工会可以依法申请仲裁、提起诉讼。

第二节　劳务派遣

第五十七条　经营劳务派遣业务应当具备下列条件：

（一）注册资本不得少于人民币二百万元；

（二）有与开展业务相适应的固定的经营场所和设施；

（三）有符合法律、行政法规规定的劳务派遣管理制度；

（四）法律、行政法规规定的其他条件。

经营劳务派遣业务，应当向劳动行政部门依法申请行政许可；经许可的，依法办理相应的公司登记。未经许可，任何单位和个人不得经营劳务派遣业务。

第五十八条　劳务派遣单位是本法所称用人单位，应当履行用人单位对劳动者的义务。劳务派遣单位与被派遣劳动者订立的劳动合同，除应当载明本法第十七条规定的事项外，还应当载明被派遣劳动者的用工单位以及派遣期限、工作岗位等情况。

劳务派遣单位应当与被派遣劳动者订立二年以上的固定期限劳动合同，按月支付劳动报酬；被派遣劳动者在无工作期间，劳务派遣单位应当按照所在地人民政府规定的最低工资标准，向其按月支付报酬。

第五十九条　劳务派遣单位派遣劳动者应当与接受以劳务派遣形式用工的单位（以下称用工单位）订立劳务派遣协议。劳务派遣协议应当约定派遣岗位和人员数量、派遣期限、劳动报酬和社会保险费的数额与支付方式以及违反协议的责任。

用工单位应当根据工作岗位的实际需要与劳务派遣单位确定派遣期限，不得将连续用工期限分割订立数个短期劳务派遣协议。

第六十条　劳务派遣单位应当将劳务派遣协议的内容告知被派遣劳动者。

劳务派遣单位不得克扣用工单位按照劳务派遣协议支付给被派遣劳动者的劳动报酬。

劳务派遣单位和用工单位不得向被派遣劳动者收取费用。

第六十一条　劳务派遣单位跨地区派遣劳动者的，被派遣劳动者享有的劳动报酬和劳动条件，按照用工单位所在地的标准执行。

第六十二条　用工单位应当履行下列义务：

（一）执行国家劳动标准，提供相应的劳动条件和劳动保护；

（二）告知被派遣劳动者的工作要求和劳动报酬；

（三）支付加班费、绩效奖金，提供与工作岗位相关的福利待遇；

（四）对在岗被派遣劳动者进行工作岗位所必需的培训；

（五）连续用工的，实行正常的工资调整机制。

用工单位不得将被派遣劳动者再派遣到其他用人单位。

第六十三条　被派遣劳动者享有与用工单位的劳动者同工同酬的权利。用工单位应当按照同工同酬原则，对被派遣劳动者与本单位同类岗位的劳动者实行相同的劳动报酬分配办法。用工单位无同类岗位劳动者的，参照用工单位所在地相同或者相近岗位劳动者的劳动报酬确定。

劳务派遣单位与被派遣劳动者订立的劳动合同和与用工单位订立的劳务派遣协议，载明或者约定的向被派遣劳动者支付的劳动报酬应当符合前款规定。

第六十四条　被派遣劳动者有权在劳务派遣单位或者用工单位依法参加或者组织工会，维护自身的合法权益。

第六十五条　被派遣劳动者可以依照本法第三十六条、第三十八条的规定与劳务派遣单位解除劳动合同。

被派遣劳动者有本法第三十九条和第四十条第一项、第二项规定情形的，用工单位可以将劳动者退回劳务派遣单位，劳务派遣单位依照本法有关规定，可以与劳动者解除劳动合同。

第六十六条　劳动合同用工是我国的企业基本用工形式。劳务派遣用工是补充形式，只能在临时性、辅助性或者替代性的工作岗位上实施。

前款规定的临时性工作岗位是指存续时间不超过六个月的岗位；辅助性工作岗位是指为主营业务岗位提供服务的非主营业务岗位；替代性工作岗位是指用工单位的劳动者因脱产学习、休假等原因无法工作的一定期间内，可以由其他劳动者替代工作的岗位。

用工单位应当严格控制劳务派遣用工数量，不得超过其用工总量的一定比例，具体比例由国务院劳动行政部门规定。

第六十七条　用人单位不得设立劳务派遣单位向本单位或者所属单位派遣劳动者。

第三节　非全日制用工

第六十八条　非全日制用工，是指以小时计酬为主，劳动者在同一用人单位一般平均每日工作时间不超过四小时，每周工作时间累计不超过二十四小时的用工形式。

第六十九条　非全日制用工双方当事人可以订立口头协议。

从事非全日制用工的劳动者可以与一个或者一个以上用人单位订立劳动合同；但是，后订立的劳动合同不得影响先订立的劳动合同的履行。

第七十条　非全日制用工双方当事人不得约定试用期。

第七十一条　非全日制用工双方当事人任何一方都可以随时通知对方终止用工。终止用工，用人单位不向劳动者支付经济补偿。

第七十二条　非全日制用工小时计酬标准不得低于用人单位所在地人民政府规定的最低小时工资标准。

非全日制用工劳动报酬结算支付周期最长不得超过十五日。

第六章　监督检查

第七十三条　国务院劳动行政部门负责全国劳动合同制度实施的监督管理。

县级以上地方人民政府劳动行政部门负责本行政区域内劳动合同制度实施的监督管理。

县级以上各级人民政府劳动行政部门在劳动合同制度实施的监督管理工作中，应当听取工会、企业方面代表以及有关行业主管部门的意见。

第七十四条　县级以上地方人民政府劳动行政部门依法对下列实施劳动合同制度的情况

进行监督检查：

（一）用人单位制定直接涉及劳动者切身利益的规章制度及其执行的情况；

（二）用人单位与劳动者订立和解除劳动合同的情况；

（三）劳务派遣单位和用工单位遵守劳务派遣有关规定的情况；

（四）用人单位遵守国家关于劳动者工作时间和休息休假规定的情况；

（五）用人单位支付劳动合同约定的劳动报酬和执行最低工资标准的情况；

（六）用人单位参加各项社会保险和缴纳社会保险费的情况；

（七）法律、法规规定的其他劳动监察事项。

第七十五条　县级以上地方人民政府劳动行政部门实施监督检查时，有权查阅与劳动合同、集体合同有关的材料，有权对劳动场所进行实地检查，用人单位和劳动者都应当如实提供有关情况和材料。

劳动行政部门的工作人员进行监督检查，应当出示证件，依法行使职权，文明执法。

第七十六条　县级以上人民政府建设、卫生、安全生产监督管理等有关主管部门在各自职责范围内，对用人单位执行劳动合同制度的情况进行监督管理。

第七十七条　劳动者合法权益受到侵害的，有权要求有关部门依法处理，或者依法申请仲裁、提起诉讼。

第七十八条　工会依法维护劳动者的合法权益，对用人单位履行劳动合同、集体合同的情况进行监督。用人单位违反劳动法律、法规和劳动合同、集体合同的，工会有权提出意见或者要求纠正；劳动者申请仲裁、提起诉讼的，工会依法给予支持和帮助。

第七十九条　任何组织或者个人对违反本法的行为都有权举报，县级以上人民政府劳动行政部门应当及时核实、处理，并对举报有功人员给予奖励。

第七章　法律责任

第八十条　用人单位直接涉及劳动者切身利益的规章制度违反法律、法规规定的，由劳动行政部门责令改正，给予警告；给劳动者造成损害的，应当承担赔偿责任。

第八十一条　用人单位提供的劳动合同文本未载明本法规定的劳动合同必备条款或者用人单位未将劳动合同文本交付劳动者的，由劳动行政部门责令改正；给劳动者造成损害的，应当承担赔偿责任。

第八十二条　用人单位自用工之日起超过一个月不满一年未与劳动者订立书面劳动合同的，应当向劳动者每月支付二倍的工资。

用人单位违反本法规定不与劳动者订立无固定期限劳动合同的，自应当订立无固定期限劳动合同之日起向劳动者每月支付二倍的工资。

第八十三条　用人单位违反本法规定与劳动者约定试用期的，由劳动行政部门责令改正；违法约定的试用期已经履行的，由用人单位以劳动者试用期满月工资为标准，按已经履行的超过法定试用期的期间向劳动者支付赔偿金。

第八十四条　用人单位违反本法规定，扣押劳动者居民身份证等证件的，由劳动行政部门责令限期退还劳动者本人，并依照有关法律规定给予处罚。

用人单位违反本法规定，以担保或者其他名义向劳动者收取财物的，由劳动行政部门责令限期退还劳动者本人，并以每人五百元以上二千元以下的标准处以罚款；给劳动者造成损害的，应当承担赔偿责任。

劳动者依法解除或者终止劳动合同，用人单位扣押劳动者档案或者其他物品的，依照前款规定处罚。

第八十五条　用人单位有下列情形之一的，由劳动行政部门责令限期支付劳动报酬、加班费或者经济补偿；劳动报酬低于当地最低工资标准的，应当支付其差额部分；逾期不支付的，责令用人单位按应付金额百分之五十以上百分之一百以下的标准向劳动者加付赔偿金：

（一）未按照劳动合同的约定或者国家规定及时足额支付劳动者劳动报酬的；

（二）低于当地最低工资标准支付劳动者工资的；

（三）安排加班不支付加班费的；

（四）解除或者终止劳动合同，未依照本法规定向劳动者支付经济补偿的。

第八十六条　劳动合同依照本法第二十六条规定被确认无效，给对方造成损害的，有过错的一方应当承担赔偿责任。

第八十七条　用人单位违反本法规定解除或者终止劳动合同的，应当依照本法第四十七条规定的经济补偿标准的二倍向劳动者支付赔偿金。

第八十八条　用人单位有下列情形之一的，依法给予行政处罚；构成犯罪的，依法追究刑事责任；给劳动者造成损害的，应当承担赔偿责任：

（一）以暴力、威胁或者非法限制人身自由的手段强迫劳动的；

（二）违章指挥或者强令冒险作业危及劳动者人身安全的；

（三）侮辱、体罚、殴打、非法搜查或者拘禁劳动者的；

（四）劳动条件恶劣、环境污染严重，给劳动者身心健康造成严重损害的。

第八十九条　用人单位违反本法规定未向劳动者出具解除或者终止劳动合同的书面证明，由劳动行政部门责令改正；给劳动者造成损害的，应当承担赔偿责任。

第九十条　劳动者违反本法规定解除劳动合同，或者违反劳动合同中约定的保密义务或者竞业限制，给用人单位造成损失的，应当承担赔偿责任。

第九十一条　用人单位招用与其他用人单位尚未解除或者终止劳动合同的劳动者，给其他用人单位造成损失的，应当承担连带赔偿责任。

第九十二条　违反本法规定，未经许可，擅自经营劳务派遣业务的，由劳动行政部门责令停止违法行为，没收违法所得，并处违法所得一倍以上五倍以下的罚款；没有违法所得的，可以处五万元以下的罚款。

劳务派遣单位、用工单位违反本法有关劳务派遣规定的，由劳动行政部门责令限期改正；逾期不改正的，以每人五千元以上一万元以下的标准处以罚款，对劳务派遣单位，吊销其劳务派遣业务经营许可证。用工单位给被派遣劳动者造成损害的，劳务派遣单位与用工单位承担连带赔偿责任。

第九十三条　对不具备合法经营资格的用人单位的违法犯罪行为，依法追究法律责任；劳动者已经付出劳动的，该单位或者其出资人应当依照本法有关规定向劳动者支付劳动报酬、经济补偿、赔偿金；给劳动者造成损害的，应当承担赔偿责任。

第九十四条　个人承包经营违反本法规定招用劳动者，给劳动者造成损害的，发包的组织与个人承包经营者承担连带赔偿责任。

第九十五条　劳动行政部门和其他有关主管部门及其工作人员玩忽职守、不履行法定职责，或者违法行使职权，给劳动者或者用人单位造成损害的，应当承担赔偿责任；对直接负责的主管人员和其他直接责任人员，依法给予行政处分；构成犯罪的，依法追究刑事责任。

第八章　附则

第九十六条　事业单位与实行聘用制的工作人员订立、履行、变更、解除或者终止劳动合同，法律、行政法规或者国务院另有规定的，依照其规定；未作规定的，依照本法有关规定执行。

第九十七条　本法施行前已依法订立且在本法施行之日存续的劳动合同，继续履行；本法第十四条第二款第三项规定连续订立固定期限劳动合同的次数，自本法施行后续订固定期限劳动合同时开始计算。

本法施行前已建立劳动关系，尚未订立书面劳动合同的，应当自本法施行之日起一个月内订立。

本法施行之日存续的劳动合同在本法施行后解除或者终止，依照本法第四十六条规定应当支付经济补偿的，经济补偿年限自本法施行之日起计算；本法施行前按照当时有关规定，用人单位应当向劳动者支付经济补偿的，按照当时有关规定执行。

第九十八条　本法自 2008 年 1 月 1 日起施行。

修正案自 2013 年 7 月 1 日起施行。

修正案公布前已依法订立的劳动合同和劳务派遣协议继续履行至期限届满，但是劳动合同和劳务派遣协议的内容不符合本决定关于按照同工同酬原则实行相同的劳动报酬分配办法的规定的，应当依照本决定进行调整；本决定施行前经营劳务派遣业务的单位，应当在本决定施行之日起一年内依法取得行政许可并办理公司变更登记，方可经营新的劳务派遣业务。具体办法由国务院劳动行政部门会同国务院有关部门规定。

二、中华人民共和国电力法

（1995 年 12 月 28 日第八届全国人民代表大会常务委员会第十七次会议通过 1995 年 12 月 28 日中华人民共和国主席令第六十号公布自 1996 年 4 月 1 日起施行，2015 年 4 月 24 日第十二届全国人民代表大会常务委员会第十四次会议修改通过。）

第一章　总　则

第一条　为了保障和促进电力事业的发展，维护电力投资者、经营者和使用者的合法权益，保障电力安全运行，制定本法。

第二条　本法适用于中华人民共和国境内的电力建设、生产、供应和使用活动。

第三条　电力事业应当适应国民经济和社会发展的需要，适当超前发展。国家鼓励、引导国内外的经济组织和个人依法投资开发电源，兴办电力生产企业。

电力事业投资，实行谁投资、谁收益的原则。

第四条　电力设施受国家保护。

禁止任何单位和个人危害电力设施安全或者非法侵占、使用电能。

第五条　电力建设、生产、供应和使用应当依法保护环境，采用新技术，减少有害物质排放，防治污染和其他公害。

国家鼓励和支持利用可再生能源和清洁能源发电。

第六条　国务院电力管理部门负责全国电力事业的监督管理。国务院有关部门在各自的职责范围内负责电力事业的监督管理。

县级以上地方人民政府经济综合主管部门是本行政区域内的电力管理部门，负责电力事业的监督管理。县级以上地方人民政府有关部门在各自的职责范围内负责电力事业的监督管理。

第七条　电力建设企业、电力生产企业、电网经营企业依法实行自主经营、自负盈亏，并接受电力管理部门的监督。

第八条　国家帮助和扶持少数民族地区、边远地区和贫困地区发展电力事业。

第九条　国家鼓励在电力建设、生产、供应和使用过程中，采用先进的科学技术和管理方法，对在研究、开发、采用先进的科学技术和管理方法等方面做出显著成绩的单位和个人给予奖励。

第二章　电力建设

第十条　电力发展规划应当根据国民经济和社会发展的需要制定，并纳入国民经济和社会发展计划。

电力发展规划，应当体现合理利用能源、电源与电网配套发展、提高经济效益和有利于环境保护的原则。

第十一条　城市电网的建设与改造规划，应当纳入城市总体规划。城市人民政府应当按照规划，安排变电设施用地、输电线路走廊和电缆通道。

任何单位和个人不得非法占用变电设施用地、输电线路走廊和电缆通道。

第十二条　国家通过制定有关政策，支持、促进电力建设。

地方人民政府应当根据电力发展规划，因地制宜，采取多种措施开发电源，发展电力建设。

第十三条　电力投资者对其投资形成的电力，享有法定权益。并网运行的，电力投资者有优先使用权；未并网的自备电厂，电力投资者自行支配使用。

第十四条　电力建设项目应当符合电力发展规划，符合国家电力产业政策。

电力建设项目不得使用国家明令淘汰的电力设备和技术。

第十五条　输变电工程、调度通信自动化工程等电网配套工程和环境保护工程，应当与发电工程项目同时设计、同时建设、同时验收、同时投入使用。

第十六条　电力建设项目使用土地，应当依照有关法律、行政法规的规定办理；依法征用土地的，应当依法支付土地补偿费和安置补偿费，做好迁移居民的安置工作。

电力建设应当贯彻切实保护耕地、节约利用土地的原则。

地方人民政府对电力事业依法使用土地和迁移居民，应当予以支持和协助。

第十七条　地方人民政府应当支持电力企业为发电工程建设勘探水源和依法取水、用水。电力企业应当节约用水。

第三章　电力生产与电网管理

第十八条　电力生产与电网运行应当遵循安全、优质、经济的原则。

电网运行应当连续、稳定，保证供电可靠性。

第十九条　电力企业应当加强安全生产管理，坚持安全第一、预防为主的方针，建立、健全安全生产责任制度。

电力企业应当对电力设施定期进行检修和维护，保证其正常运行。

第二十条　发电燃料供应企业、运输企业和电力生产企业应当依照国务院有关规定或者合同约定供应、运输和接卸燃料。

第二十一条　电网运行实行统一调度、分级管理。任何单位和个人不得非法干预电网调度。

第二十二条　国家提倡电力生产企业与电网、电网与电网并网运行。具有独立法人资格的电力生产企业要求将生产的电力并网运行的，电网经营企业应当接受。

并网运行必须符合国家标准或者电力行业标准。

并网双方应当按照统一调度、分级管理和平等互利、协商一致的原则，签订并网协议，确定双方的权利和义务；并网双方达不成协议的，由省级以上电力管理部门协调决定。

第二十三条　电网调度管理办法，由国务院依照本法的规定制定。

第四章　电力供应与使用

第二十四条　国家对电力供应和使用，实行安全用电、节约用电、计划用电的管理原则。

电力供应与使用办法由国务院依照本法的规定制定。

第二十五条　供电企业在批准的供电营业区内向用户供电。

供电营业区的划分，应当考虑电网的结构和供电合理性等因素。一个供电营业区内只设立一个供电营业机构。

省、自治区、直辖市范围内的供电营业区的设立、变更，由供电企业提出申请，经省、自治区、直辖市人民政府电力管理部门会同同级有关部门审查批准后，由省、自治区、直辖市人民政府电力管理部门发给《供电营业许可证》。跨省、自治区、直辖市的供电营业区的设立、变更，由国务院电力管理部门审查批准并发给《供电营业许可证》。

第二十六条　供电营业区内的供电营业机构，对本营业区内的用户有按照国家规定供电的义务；不得违反国家规定对其营业区内申请用电的单位和个人拒绝供电。

申请新装用电、临时用电、增加用电容量、变更用电和终止用电，应当依照规定的程序办理手续。

供电企业应当在其营业场所公告用电的程序、制度和收费标准，并提供用户须知资料。

第二十七条　电力供应与使用双方应当根据平等自愿、协商一致的原则，按照国务院制定的电力供应与使用办法签订供用电合同，确定双方的权利和义务。

第二十八条　供电企业应当保证供给用户的供电质量符合国家标准。对公用供电设施引起的供电质量问题，应当及时处理。

用户对供电质量有特殊要求的，供电企业应当根据其必要性和电网的可能，提供相应的电力。

第二十九条　供电企业在发电、供电系统正常的情况下，应当连续向用户供电，不得中断。因供电设施检修、依法限电或者用户违法用电等原因，需要中断供电时，供电企业应当按照国家有关规定事先通知用户。

用户对供电企业中断供电有异议的，可以向电力管理部门投诉；受理投诉的电力管理部门应当依法处理。

第三十条　因抢险救灾需要紧急供电时，供电企业必须尽速安排供电，所需供电工程费用和应付电费依照国家有关规定执行。

第三十一条　用户应当安装用电计量装置。用户使用的电力电量，以计量检定机构依法认可的用电计量装置的记录为准。

用户受电装置的设计、施工安装和运行管理，应当符合国家标准或者电力行业标准。

第三十二条　用户用电不得危害供电、用电安全和扰乱供电、用电秩序。

对危害供电、用电安全和扰乱供电、用电秩序的，供电企业有权制止。

第三十三条　供电企业应当按照国家核准的电价和用电计量装置的记录，向用户计收电费。

供电企业查电人员和抄表收费人员进入用户，进行用电安全检查或者抄表收费时，应当出示有关证件。

用户应当按照国家核准的电价和用电计量装置的记录，按时交纳电费；对供电企业查电人员和抄表收费人员依法履行职责，应当提供方便。

第三十四条　供电企业和用户应当遵守国家有关规定，采取有效措施，做好安全用电、节约用电和计划用电工作。

第五章　电价与电费

第三十五条　本法所称电价，是指电力生产企业的上网电价、电网间的互供电价、电网销售电价。

电价实行统一政策，统一定价原则，分级管理。

第三十六条　制定电价，应当合理补偿成本，合理确定收益，依法计入税金，坚持公平负担，促进电力建设。

第三十七条　上网电价实行同网同质同价。具体办法和实施步骤由国务院规定。

电力生产企业有特殊情况需另行制定上网电价的，具体办法由国务院规定。

第三十八条　跨省、自治区、直辖市电网和省级电网内的上网电价，由电力生产企业和电网经营企业协商提出方案，报国务院物价行政主管部门核准。

独立电网内的上网电价，由电力生产企业和电网经营企业协商提出方案，报有管理权的物价行政主管部门核准。

地方投资的电力生产企业所生产的电力，属于在省内各地区形成独立电网的或者自发自用的，其电价可以由省、自治区、直辖市人民政府管理。

第三十九条　跨省、自治区、直辖市电网和独立电网之间、省级电网和独立电网之间的互供电价，由双方协商提出方案，报国务院物价行政主管部门或者其授权的部门核准。

独立电网与独立电网之间的互供电价，由双方协商提出方案，报有管理权的物价行政主管部门核准。

第四十条　跨省、自治区、直辖市电网和省级电网的销售电价，由电网经营企业提出方案，报国务院物价行政主管部门或者其授权的部门核准。

独立电网的销售电价，由电网经营企业提出方案，报有管理权的物价行政主管部门核准。

第四十一条　国家实行分类电价和分时电价。分类标准和分时办法由国务院确定。

对同一电网内的同一电压等级、同一用电类别的用户，执行相同的电价标准。

第四十二条　用户用电增容收费标准，由国务院物价行政主管部门会同国务院电力管理部门制定。

第四十三条　任何单位不得超越电价管理权限制定电价。供电企业不得擅自变更电价。

第四十四条　禁止任何单位和个人在电费中加收其他费用；但是，法律、行政法规另有规定的，按照规定执行。

地方集资办电在电费中加收费用的，由省、自治区、直辖市人民政府依照国务院有关规定制定办法。

禁止供电企业在收取电费时，代收其他费用。

第四十五条　电价的管理办法，由国务院依照本法的规定制定。

第六章　农村电力建设和农业用电

第四十六条　省、自治区、直辖市人民政府应当制定农村电气化发展规划，并将其纳入当地电力发展规划及国民经济和社会发展计划。

第四十七条　国家对农村电气化实行优惠政策，对少数民族地区、边远地区和贫困地区的农村电力建设给予重点扶持。

第四十八条　国家提倡农村开发水能资源，建设中、小型水电站，促进农村电气化。

国家鼓励和支持农村利用太阳能、风能、地热能、生物质能和其他能源进行农村电源建设，增加农村电力供应。

第四十九条　县级以上地方人民政府及其经济综合主管部门在安排用电指标时，应当保证农业和农村用电的适当比例，优先保证农村排涝、抗旱和农业季节性生产用电。

电力企业应当执行前款的用电安排，不得减少农业和农村用电指标。

第五十条　农业用电价格按照保本、微利的原则确定。

农民生活用电与当地城镇居民生活用电应当逐步实行相同的电价。

第五十一条　农业和农村用电管理办法，由国务院依照本法的规定制定。

第七章　电力设施保护

第五十二条　任何单位和个人不得危害发电设施、变电设施和电力线路设施及其有关辅助设施。

在电力设施周围进行爆破及其他可能危及电力设施安全的作业的，应当按照国务院有关电力设施保护的规定，经批准并采取确保电力设施安全的措施后，方可进行作业。

第五十三条　电力管理部门应当按照国务院有关电力设施保护的规定，对电力设施保护区设立标志。

任何单位和个人不得在依法划定的电力设施保护区内修建可能危及电力设施安全的建筑物、构筑物，不得种植可能危及电力设施安全的植物，不得堆放可能危及电力设施安全的物品。

在依法划定电力设施保护区前已经种植的植物妨碍电力设施安全的，应当修剪或者砍伐。

第五十四条　任何单位和个人需要在依法划定的电力设施保护区内进行可能危及电力设施安全的作业时，应当经电力管理部门批准并采取安全措施后，方可进行作业。

第五十五条　电力设施与公用工程、绿化工程和其他工程在新建、改建或者扩建中相互妨碍时，有关单位应当按照国家有关规定协商，达成协议后方可施工。

第八章　监督检查

第五十六条　电力管理部门依法对电力企业和用户执行电力法律、行政法规的情况进行监督检查。

第五十七条　电力管理部门根据工作需要，可以配备电力监督检查人员。

电力监督检查人员应当公正廉洁，秉公执法，熟悉电力法律、法规，掌握有关电力专业技术。

第五十八条　电力监督检查人员进行监督检查时，有权向电力企业或者用户了解有关执行电力法律、行政法规的情况，查阅有关资料，并有权进入现场进行检查。

电力企业和用户对执行监督检查任务的电力监督检查人员应当提供方便。

电力监督检查人员进行监督检查时，应当出示证件。

第九章　法律责任

第五十九条　电力企业或者用户违反供用电合同，给对方造成损失的，应当依法承担赔偿责任。

电力企业违反本法第二十八条、第二十九条第一款的规定，未保证供电质量或者未事先通知用户中断供电，给用户造成损失的，应当依法承担赔偿责任。

第六十条　因电力运行事故给用户或者第三人造成损害的，电力企业应当依法承担赔偿责任。

电力运行事故由下列原因之一造成的，电力企业不承担赔偿责任：

（一）不可抗力；

（二）用户自身的过错。

因用户或者第三人的过错给电力企业或者其他用户造成损害的，该用户或者第三人应当依法承担赔偿责任。

第六十一条　违反本法第十一条第二款的规定，非法占用变电设施用地、输电线路走廊或者电缆通道的，由县级以上地方人民政府责令限期改正；逾期不改正的，强制清除障碍。

第六十二条　违反本法第十四条规定，电力建设项目不符合电力发展规划、产业政策的，由电力管理部门责令停止建设。

违反本法第十四条规定，电力建设项目使用国家明令淘汰的电力设备和技术的，由电力管理部门责令停止使用，没收国家明令淘汰的电力设备，并处五万元以下的罚款。

第六十三条　违反本法第二十五条规定，未经许可，从事供电或者变更供电营业区的，由电力管理部门责令改正，没收违法所得，可以并处违法所得五倍以下的罚款。

第六十四条　违反本法第二十六条、第二十九条规定，拒绝供电或者中断供电的，由电力管理部门责令改正，给予警告；情节严重的，对有关主管人员和直接责任人员给予行政处分。

第六十五条　违反本法第三十二条规定，危害供电、用电安全或者扰乱供电、用电秩序的，由电力管理部门责令改正，给予警告；情节严重或者拒绝改正的，可以中止供电，可以并处五万元以下的罚款。

第六十六条　违反本法第三十三条、第四十三条、第四十四条规定，未按照国家核准的电价和用电计量装置的记录向用户计收电费、超越权限制定电价或者在电费中加收其他费用的，由物价行政主管部门给予警告，责令返还违法收取的费用，可以并处违法收取费用五倍以下的罚款；情节严重的，对有关主管人员和直接责任人员给予行政处分。

第六十七条　违反本法第四十九条第二款规定，减少农业和农村用电指标的，由电力管理部门责令改正；情节严重的，对有关主管人员和直接责任人员给予行政处分；造成损失的，责令赔偿损失。

第六十八条 违反本法第五十二条第二款和第五十四条规定，未经批准或者未采取安全措施在电力设施周围或者在依法划定的电力设施保护区内进行作业，危及电力设施安全的，由电力管理部门责令停止作业、恢复原状并赔偿损失。

第六十九条 违反本法第五十三条规定，在依法划定的电力设施保护区内修建建筑物、构筑物或者种植植物、堆放物品，危及电力设施安全的，由当地人民政府责令强制拆除、砍伐或者清除。

第七十条 有下列行为之一，应当给予治安管理处罚的，由公安机关依照治安管理处罚条例的有关规定予以处罚；构成犯罪的，依法追究刑事责任：

（一）阻碍电力建设或者电力设施抢修，致使电力建设或者电力设施抢修不能正常进行的；

（二）扰乱电力生产企业、变电所、电力调度机构和供电企业的秩序，致使生产、工作和营业不能正常进行的；

（三）殴打、公然侮辱履行职务的查电人员或者抄表收费人员的；

（四）拒绝、阻碍电力监督检查人员依法执行职务的。

第七十一条 盗窃电能的，由电力管理部门责令停止违法行为，追缴电费并处应交电费五倍以下的罚款；构成犯罪的，依照刑法第一百五十一条或者第一百五十二条的规定追究刑事责任。

第七十二条 盗窃电力设施或者以其他方法破坏电力设施，危害公共安全的，依照刑法第一百零九条或者第一百一十条的规定追究刑事责任。

第七十三条 电力管理部门的工作人员滥用职权、玩忽职守、徇私舞弊，构成犯罪的，依法追究刑事责任；尚不构成犯罪的，依法给予行政处分。

第七十四条 电力企业职工违反规章制度、违章调度或者不服从调度指令，造成重大事故的，比照刑法第一百一十四条的规定追究刑事责任。

电力企业职工故意延误电力设施抢修或者抢险救灾供电，造成严重后果的，比照刑法第一百一十四条的规定追究刑事责任。

电力企业的管理人员和查电人员、抄表收费人员勒索用户、以电谋私，构成犯罪的，依法追究刑事责任；尚不构成犯罪的，依法给予行政处分。

第十章 附 则

第七十五条 本法自 1996 年 4 月 1 日起施行。

参 考 文 献

[1] 刘玉章. 电工工艺训练（项目式教学）[M]. 北京：高等教育出版社, 2009.

[2] 劳动和社会保障部教材办公室. 维修电工（基础知识）[M]. 北京：中国劳动社会保障出版社, 2010.

[3] 王启洋, 张梅梅. 电子技术基础与技能 [M]. 大连：大连理工大学出版社, 2010.

[4] 王兆义. 电工技术实训 [M]. 北京：高等教育出版社, 2011.

[5] 杨坤. 电子技术实训项目教程 [M]. 北京：机械工业出版社, 2011.

[6] 曾祥富, 况书君. 电动机与控制 [M]. 北京：科学出版社, 2012.

[7] 程周. 电气控制与 PLC 技术 [M]. 北京：高等教育出版社, 2012.

[8] 王启洋. PLC 与变频器控制项目实训 [M]. 北京：高等教育出版社, 2013.

[9] 李萍萍. 电机与电力拖动项目教程 [M]. 北京：电子工业出版社, 2014.

[10] 高月宁. 机电一体化综合实训 [M]. 北京：电子工业出版社, 2014.